パブリックアートの展開と到達点

アートの公共性・地域文化の再生・芸術文化の未来

松尾 豊=著

藤嶋俊會・伊藤裕夫=附論

水曜社

パブリックアートの展開と到達点

目次

Ⅵ:「アートプロジェクト」の展開と芸術支援活動…… 175

Ⅶ:パブリックアート研究の成果、そしてアートの力と芸術の価値 …………………………… 209

附論

まえがき

「パブリックアート」という用語の日本への移入は、1959年アメリカ・フィラデルフィア市の「美術のためのパーセント政策」条例制定以降と定説のように言われる。その最初が、社名変更したニッカン（旧日本環境機材）の「パブリックアートライブラリー（PAL）」誕生の1987年の末頃との説である。

振り返れば『新潟　街角の芸術』の執筆時は、新潟市内の高校の非常勤講師で、縁があり1987年4月、高岡市内の私立高校教諭として赴任した。その後、転居先の「銅器の街高岡」の面白いパブリックアート企画を知り、嵌った。1978年開始の古城公園の「芸術の森」、その後のブロンズ設置事業「彫刻のあるまちづくり」を経て、「高岡市パブリックアートまちづくり市民会議」の立ち上げが2001年である。2008年には、富山大学芸術文化学部と高岡銅器関係者中心の「金屋町・楽市 in さまのこ」（略称＝楽市）が登場する。高岡市のみならず、全国的広がりを俯瞰しても、まさに「パブリックアート」の展開が、「アートの公共性」や「芸術の価値」を問うアートプロジェクトが登場する。つまり、アートとパブリックアート概念の自問の結果、「アートの公共性」をキーワードに芸術そのものの意味を問い直す局面が誕生し、生活に根づく学問としての美学・芸術学の再確認も促した。

28年も過ぎようとする筆者の研究の流れを振り返っても、幾つかの面白い発見がある。第1に、原始・古代の遺跡や男根等を出発点に、戦前までの野外造形を時系列化した時に、制約された社会の中でもその時代を生き抜いた人間の生活と思いが垣間見えること。第2に、野外彫刻展や彫刻シンポジウムの歴史が意味する彫刻家や評論家の内に秘めた姿勢の中に、第二次大戦後の自由で溌剌とした美術史・美学・芸術学に向けた新しい批評的展開が待っていたこと。第3に、その展示会や企画が、「彫刻のある街づくり」や「パブリックアート」事業との社会的連動で、「街づくり行政」や「文化政策」等の枠組みを作り上げたこと。第4に、その90年代的展開の中で「アートの公共性」が問われ、野外彫刻のみならず舞台芸術系も含む芸術文化の意義の再認識を迫られ、「パブリックアート」概念の咀嚼と意味の多様性により、その総合的価値で文化資源や文化政策に関する学問的役割が重要になったこと。第5に、21世紀の方向性が、芸術文化関連諸分野の学会等の立ち上げに加え、日本的「パブリックアート」が「アートプロジェクト」と融合した芸術文化上のさらなる学術的価値の発見への今日的到達点への驚きである。

また、芸術文化に関するこれまでの約20年の新設学会の流れを見ても、1992年に文化経済学会〈日本〉の誕生、1998年の日本アートマネジメント学会の創設、2002年東京大学大学院博士課程での文化資源学研究室と文化資源学会の開設、2003年筑波大学芸術学群内に芸術と美術教育の接点を探求した芸術支援学コースの新設、2006年には、これらの学問の全てと関連するはずの日本文化政策学会の立ち上げがある。加えるなら、臨床するアートとしての医療や福祉や教育の現場を通じ展開されるはずの芸術教育、あるいは芸術支援学の新たな可能性を展望させるアートミーツケア学会の設立も、2006年の関西においてであった。その流れの中で、20世紀後半から21世紀初頭の約20年余りで、これらの学会の誕生と目指すべき方向性も明確化してきた。つまり、作品の耐久化や室内・屋外設置を問わず、公金（税金）の公衆（一般大衆）に対する使用法や時間の共有も含む公共性や公開性の目的、及びその手法の有効性が現代社会におけるアート事業やアートの事情として問われる現状が誕生した。それでも、それぞれの学会や学問の共有すべきキーワードが、「アートの公共性」や「アートの力」、及び「コミュニケーション」であり、アートの価値の現代的有効性が問われているが故に、パブリックアート研究が根底に来るのである。

本書の目的は、多様な解釈のあるパブリックアート関連の領域を、概ね2つの視点でまとめることを狙いとした。その第1が、パブリックアートの歴史的展開とその到達点の解明、第2の狙いが、その到達点が美術教育や文化資源・文化政策と融合し新しい価値を創造することで判明する現代社会における有効性への提言である。従って、本書は次のような構成にした。第Ⅰ章は、パブリックアートの定義における諸説の紹介と「3つのPublicと3つのC」の意義について。第Ⅱ章は、パブリックアート前史として原始・古代より残存する日本の野外造形物の変遷と今日的意義について。第Ⅲ章・Ⅳ章・Ⅴ章は、野外彫刻展や彫刻シンポジウムの変遷や果たした役割、及びその展開を可能にした「パブリックアート事業」の到達点の解明である。Ⅵ章は、「アートプロジェクト」の全国的展開の整理、とりわけ教育プロジェクトの芸術支援活動の事例を通じた可能性と意義への論考である。第Ⅶ章は、パブリックアート研究の美術教育、さらに文化資源・文化政策への接続的意味の考察とアートの力と芸術の価値への筆者なりの結論である。

附論として、本書の分担は、パブリックアートとその文化資源の在り方等を神奈川県の事例を中心に藤嶋俊會氏から、パブリックアートと文化政策の関係を伊藤裕夫氏から執筆いただいた。いずれも芸術に関する人間精神の叫びと筆者の表現不足を補完いただいた極めて優れた研究者の眼差しからの寄稿である。

最後に、賢明な読者の皆様へのお願いです。固有名詞や数字（市町村名や作家・作品名、及び年号）等には、細心の注意を払い調査・記載したつもりですが、執筆途中の変更等で事実誤認が生じる場合があります。その場合は、ご容赦していただくことをお願い申し上げます。

I

アートの定義とパブリックアート概念

PUBLIC ART

1. アルスの訳語から現代用語のアートへ

アートプロジェクト仕掛け人として有名な北川フラムの講演で「芸術の由来のそもそもが、ラテン語のアルスからの訳語変換の表記であり、職人の手業を意味した」旨の話を聞いたことがあった。確かに、日本では明治時代に西欧移入の言葉を「藝術」と変換し、その初期の頃は、「女性の髪を梳かす仕草を現す【藝】の字を当てた」と聞かされた思い出がある。また、現在の石川県立工業高校、富山県立高岡工芸高校、香川県立高松工芸高校や佐賀県立有田工業高校等、明治期から開設の全国の著名工芸・工業系学校の校長として関わった納富介次郎による工芸教育活動★1や「職人の手業」を意味した「藝術」を冠する学校名等の由来でも判別する。実際に、「富山県立工藝学校」の「富山県立高岡工芸高校」への改編、「東京美術学校」の「東京藝術大学」への改名、及びその後の教育的展開からでも判断できる。その史実が、当時の国策を裏付けると理解でき、実際に現在の高岡工芸高校の教育課程上の編成でも「工業」の中に組み込まれてきたところにその名残を見ることができる★2。

つまり、明治時代の伝統的な日本の職人技術や工芸作品の「製作」(=制作」ではない)目的も、大正期の伊藤宣良校長時代には、納富校長開校当初の「工藝学校」名の趣旨を変節させ、「工藝」や「藝術」の名の下で殖産興業や明白な富国強兵策に組み込まれていった。具体的には、工藝学校に応用化学部と機械電気部の増設という形で、軍事力増強方針が学校現場に明示された。同時に、学校の開設やシステムとしての技術者養成が、現在の教育とはかなり違う職人養成的な徒弟制度を髣髴させ、国家による公的教育制度としての人材育成の急速な進展時期としても、個人的興味を掻き立てた。

その興味も加わり、明治期移入の芸術の定義が、近年ではどのように扱われているのかを調べてみた。1995(平成7)年初版の『美学辞典』★3には、「定義」の項で芸術を以下のように体系付けている。卓見であるので、少し長いが以下に引用したい。

人間が自らの生と生の環境とを改善するために自然を改造する力を、広い意味でのart（仕事）という。そのなかでも特に芸術とは、予め定まった特定の目的に鎖されることなく、技術的な困難を克服し常に現状を超えて出てゆこうとする精神に根ざし、美的コミュニケーションを指向する活動である。この活動は作品に結晶して、コミュニケーションの媒体となり、そのコミュニケーションは、ある意図やメッセージの解読というよりも、その作品を包越性としての美［美⇒］という充実相において現実化する体験となるのが、本来のあり方である。

まず第1に驚いたことは、artをコミュニケーション用語として捉えて、すでに1995（平成7）年には使用していた事実である。美術教師として普段何気なく日常的に使用し続けてきた「芸術」用語の歴史や言語背景の深さに恥じるものを感じた。コミュニケーションとは、一般的には人と人の間を示す関係性に対する用語で時間の概念を含むものである。それまでの造形美術としての絵画や彫刻のように動かないまま置かれた状態の作品そのものには、殆ど使用されなかった。これまでの芸術が、明治初期に移入の職人の手業を意味したとすれば、パブリックアートの登場や舞台芸術系の音楽や演劇等をも想定した包括的な定義と思えて、筆者には驚きであった。実は、近年のアートプロジェクトの展開が示唆する「アート」は、流れ進む時間の概念も含むこの「美的コミュニケーション、あるいはコミュニケーションツールの総体」と定義されると、ここ数年考えていたからだ。

第2に、自分の人生を振り返った時にその軌跡が、「芸術」の意味と同化し、自分の人生そのものを示すと考えさせられた点だ。つまり、芸術とは、単なる美術系作品の創作行為やそれまでの出来上がった展示空間の作品のみの呼称でもなく、時間を共有する人と人との関わりまでを想定した必要範囲内での人間生活における美の探究としてのコミュニケーションの総体と実感した。従って、その過程も含めた、技術的困難や自然改造に立ち向かう中で、挑戦的に生き抜くための仕事の総称と考えざるを得ない現実が、とりわけ約27年間の高岡での生活に溢れていたからである。

さらに、前掲『美学辞典』の「『藝術』としての日本語」の項では、西周が訳に独自の判断を加えたことを知り、その秀逸性と面白さに感服した。

「芸術」は、西洋語のartの起源と見なされるギリシャ語のテクネーtechneと同じく、特別な能力によってある効果を実現する仕事を指し、現代で言う芸術だけでなく技術や学問を総括していた。しかし、現代語の芸術は、伝統的に継承された単語ではなく、翻訳語として用いられたものである。訳語の歴史の最初に注目すべきは、西周の場合で、かれはliberal artsの訳語として「芸術」を充て、fine artsを「美術」と訳した。fine artsが特に造形美術を指す言葉であることを承知したうえで、西は、そこに文学、音楽、舞踊、演劇など含めるべきことを主張した。従ってその「美術」の概念は、現在の「芸術」に相当する類概念の位置に置かれることになる。

つまり、上記抜粋は、明治時代移入の翻訳直後の「藝術」が、特殊な技術を意味した言葉である造形美術に、西周★4により意図的に文学や音楽や演劇も加えられたことで、その概念を変容させてきたと解釈可能である。その定着は、明治30年代後半と言われている。従って、この辞典の定義は、近年のアートプロジェクト等に見られる様々な事業の意味を斟酌したものとも判断できる。この史実は、近年語られてきた「拡張した新しい芸術概念」の登場というより、fine artsとしての偏狭な造形美術と文学や舞台芸術などが同義に括られたことで、現在の造形美術や文学や舞台芸術系の活動が、西周が目指したより自由なもっと幅の広い時間とコミュニケーションの共有を可能にする原初的で本質的な人間生活の問い直しや探求を意味すると考えた。そして、実際の現実が造形・美術や音楽・演劇や研究・学問さえも、西周の理想としての思いであるliberal artsとしての芸術に戻す作業を優れたアーティストと学究的支援者により実践されてきたと思える今日である。

「アルス」を「藝術」に訳語変換した明治期の日本社会は、造形美術系職人も当然のことながら、文学者も舞台芸術系の役者も満足のいく生活さえままならかった。現代人には、人間としての誇れる仕事に邁進できる時代環境には程遠いことを、最近のTVや映画が映す時代考証成果でもリアルに理解できる。実際に、江戸時代とは違った明治維新後の大正・昭和の戦前までの時代は、その時勢に乗り軍人や時代の政治的要人たちの顕彰思考の蔓延は自然の成り行きで、造形的にも眼下を見下ろすような一際高い台座上の彫刻として威容を誇った。その「偉人」たちの姿が、監視者のように否が応でも目に飛び込むように視覚化された。その厳粛な歴史的展開は、戦争体験のない戦後生まれの我々でさえ判断可能な史実である。その意味での記念碑的な肖像彫刻が野外彫刻として多数登場したのが明治維新後の大正・昭和の時代であったことは論を待たない。

しかしながら「モニュメント」や「モニュマン」と言われる用語の定着は、戦後を待たなければならなかった。当然のように戦前の統治への反動から民主主義への希求表現として〈平和〉や〈希望〉等の作品が誕生した。そこに「彫刻のある街づくり」事業や野外彫刻自体の急増が加わり、その過程でパブリックアート用語移入後の普及と定着が顕著になるのが、日本的野外アートの実情である。

2.「パブリックアート」の定義と所感

以下、技術を意味する「テクネー」から職人の手業を意味する「アルス」=アート(芸術)に変遷した歴史を踏まえ、様々な立場の見解を交えてパブリックアートの定義の考察と所感を述べたい。

1) ウィキペディアの定義

「パブリックアート」の定義は、今現在でもかなり多様な解釈がある。この節では、インターネット上のフリー百科事典『ウィキペディア(Wikipedia)』から抜粋し、一般的には、今誰しもが認めざるを思えない範囲の定義からみてみたい。

パブリックアート(Public Art)とは、美術館やギャラリー以外の広場や道路や公園など公共的な空間(パブリックスペース)に設置される芸術作品を指す。設置される空間の環境的特性や周辺との関係性において、空間の魅力を高める役割をになう、公共空間を構成する一つの要素と位置づけされる。記念碑的なものより、象徴的なもの、コンセプチュアルなもの、建築の壁画、音、風、光などを利用したものも含まれる。

(http://wikipedia:a.org/wiki/ パブリックアート)

ここでは、いまだ公共空間という場に対する視点のみが目立つが、概要の項の目的では①身近なものにする、②公共の福祉や地域共同体の活性化や文化的価値の付与に目的を持つ、③素材や表現の手段としては、水や映像やパフォーマンスアートなども含め多様化している旨が述べられている。また、美術の公共性の項では、「パブリックアートは美術館などで鑑賞者１人ずつが体験する絵画や彫刻等の美術体験とは異なり、日常の空間の中にあり、不特定多数の人々が同時に体験することが出来る」とも記されている。歴史の項では、古代の洞窟壁画を初め、パブリックアート呼称の発祥地アメリカの事例も含めて、その誕生の背景にも触れている。執筆者は不明だが、当たり障りがない。

以下、先進的研究者の業績上の定義等の紹介である。

2）新田秀樹説

宮城教育大学教授の新田秀樹は、公的機関に文献上最初に「パブリックアート」用語を移入したこの領域の第１人者である。アメリカの事例ではあったが、宮城県美術館学芸員時代に「現代アメリカのパブリック・アート」★5を1988（昭和63）年に著している。内容の展開として、アメリカ現代美術とその政策的変遷の記述の中でパブリックアートの概念やその略史に触れている。学究的な新田は、その概念を以下のように考察した。

> このように「パブリック・アート」は２つの側面から定義される。ひとつは、援助主体が公的（パブリック）であるという側面であり、もう一つは、観衆が不特定多数の一般市民（パブリック）である側面である。前者は、必ずしも必要条件ではないが、後者はいかなる「パブリック・アート」にも欠かせない条件であり、この条件に最もふさわしいのは都市の中の人々に解放されている公共的な空間（パブリック・スペース）だということになる。

加えて新田は、宮城教育大学転出後の1994（平成６）年の研究紀要に、別稿「パブリック・アート研究のフレームワーク」★6を上梓し、パブリックアート論を研究領域として体系化するために、18のキーワードによる大きな枠組みを提示した。先見的な骨組みの示唆であり、今現在もパブリックアート研究の開拓者として期待される存在である。

3）杉村荘吉説

日本環境機材を1978年に社名変更したニッカン、及びパブリックアート研究所代表の杉村荘吉が、ニッカン時代の情報収集資料室を「パブリックアートライブラリー（PAL）」とネーミングしたのが、1987（昭和62）年末と言われる。パブリックアート用語の使用そのものは、新田より少し早い可能性を示すが「現代アメリカのパブリック・アート」の印刷から配布までの手続き上の時間を考えれば、新田の文献執筆と同時期の使用と考えられる。また、杉村の尽力で立ち上がったパブリックアート研究所の設立が1992（平成4）年、「パブリックアート・フォーラム」の創設は、1994（平成6）年のことである。

その経緯や用語移入や定義、さらには日本各地や世界の事例も紹介している入門書的著作を刊行した杉村は、『パブリックアートが街を語る』★7の中で、パブリックアートの定義を次のように試みている。「一言でいえば、“街角や広場などの公共空間に置かれた、芸術的な価値のある作品（アートオブジェ）”のことです。その代表的な例がブロンズ（青銅）や石の彫刻です」と述べている。また、別項では、「公共空間に存在する芸術的価値」から「この芸術的な“何か”を公共空間の中で人に感じさせているもの、それがパブリックアートなのです」とも述べている。やはり場に対する概念が先行するが、作品の価値に注目している。しかし、杉村荘吉の果たした最大の役割は、民間人として資材を投じてまで自治体や研究者に働きかけ、のべ6回のパブリックアート・フォーラムの全国シンポジウムの開催、その他の研究会を含む定例会の企画と実施、『地の語り』にみる広報文の発信、その後の「地域美産会」の組織化や普及活動ではなかろうか。個人の情熱と資材をつぎ込んでまでやり得た成果は、賞賛に値する特筆事項である。

4）竹田直樹説

千葉大学大学院で造園関連の研究をしていた竹田直樹は、修了後の1993（平成5）年には『パブリックアート入門——自治体の彫刻設置を考える』を著している。サブタイトルのとおり日本の彫刻設置事業を紹介した94ページほどの本だが、当初のパブリックアート用語には、積極的な意義を見出せなかったように思えた。「なお、公的な空間に設置された彫刻に対し、パブリックアートという用語の使用が近年一般化しているので本書のタイトルにも用いたが、本来、広域な領域に渡るもので、彫刻の設置事業はその一部に過ぎない」★8程度に触れていたのが、1995（平成7）年3月出版の『日本のパブリック・アート』では、「パブリックアートとは、公的な場所に置かれた芸術作品の意ではなくて、『社会化』したアート」の総称★9のように踏み込んだ表現に変化する。竹田は後に淡路島の兵庫県立大学で教壇に立ち、この分野の著作物の執筆のみならず、自らも作品造りに参加している。

5）谷口義人説

元国立高岡短期大学教授の谷口義人は、行動美術協会に所属する現代彫刻家である。また、余り声高に語られないが故に知る人も少ないが、全国的に国立大学の合併・縮小の嵐の中で在職中に急死した当時の蝋山学長の見識とリーダーシップに感銘を受け、国立高岡短期大学を現在の富山大学芸術文化学部昇格に協力・尽力した理論家の側面を持っていた。

谷口は、「第5回全国パブリックアート・フォーラム・高岡」の記録集では、「アートと街具の可能性」の第2分科会のファシリテーターとして、次のように述べている。「ただまちに彫刻やオブジェを設置すれば、こと足りると云うのではなく、人と空間全体に係る環境全てを捉え、その関係が組み立てられ、新しい意味と場が生まれる概念を云うのです」★10と。つまり「コミュニケーション」用語を使わないまでも、谷口の言説で作品や人や場との関係性から生じるコミュニケーション活動と、新しい意味を提示していた人である。谷口は、高岡短期大学教授退官後も作品制作と富山県内各種プロジェクトの委員等を歴任しながら発信し続けている貴重な人材である。

6）林容子説

現在尚美学園大学の准教授で大学院の教壇にも立つ林容子は、アートマネジメント分野で、アメリカコロンビア大学大学院で日本最初の芸術運営管理学(MFA)取得者といわれている。とりわけ、医療や福祉の現場で立ち上げるアートプロジェクト関連のマネジメントで、先進的な業績を残してきた。代表的な著作『進化するアートマネジメント』では、「公共のスペース（場）に展示され、全ての人が共有できる芸術作品を指す」と定義する一方で、以下のように具体化している。

パブリックアートとは、①アーティストがその周囲の文化、社会、歴史との関系において、場所を選んでから制作を行う特定の場所における空間性（site-specific）を意識して作られた作品。②公約（国・企業）サポート（必ずしも芸術支援機関ではない）のある作品、③コミュニティとの連携のあるもの。公園の彫刻、銅像のようなアートを指す。★11

公共空間としての場の空間性や公金の支援や置かれたものへの言及はあるが、時間の概念と生きた人間の営みへの関係性の言及は希薄である。ところが２年後出版の『進化するアートコミュニケーション』★12 では、アメリカのパッチ・アダムスの紹介も含めながら、日本における医療や福祉施設でのアートプロジェクトの紹介や場（地域）と人と作品（情報）の関係性の視点でのコミュニケーションとしてのアートへの言及に進化している。

7）暮沢剛巳説

インターネット上の「現代用語辞典」では、暮沢の説として下記のような定義を紹介していた。

「公共芸術」という訳語の通りに、公園や市街地などの公共空間に恒久的に設置される芸術作品であるいはその設置計画の総称。既存の作品がそのまま設置される場合は少なく、地方自治体等がクライアントとしてアーティストに新作の制作を委嘱する事例が多い。このような協働を「コミッション・ワーク」と呼ぶが、しかし「パブリックアート」の範囲はそれだけにとどまらない。また、最古の洞窟壁画や宗教芸術を例に出すまでもなく、芸術の公共性についてのコンセンサスは古くからあるものだが、「パブリック・アート」という用語自体は意外と新しい。というのも、現在のこの用語は、近代以降出現した美術館という特権的な空間に対置され、“美術館ではない空間”に設置される芸術作品という意味を担うために創案されたものであるからだ。「パブリック・アート」の最大の逆説は、そもそも公的な価値を持っているはずのアートに、敢えてパブリックと被らせてその公共性を二重に保障している点にあり、それはまた公共空間と私的空間の区別へと連なる問題なのだが、とりわけ公共空間の歴史が浅い日本では、この論理矛盾は何ら解消されることがないまま、各地で町おこしや景観事業としての「パブリック・アート」が展開されている。

暮沢説には、傾聴すべき指摘が２点ある。公共空間と私的空間の区別の問題と本来アートは公的なものという認識に基づく「パブリック・アート」呼称の「　」付き問題である。前者については、空間分類や公共空間の定義で常に頭をよぎる点であり、いまだ明快には解明し切れていない自分自身の問題である。後者のアートがそもそも公共性を持っているという点では、同意はするが微妙な違いがあるようにも思える。しかし、アートの定義に、人間の表現行為の社会的関連を認める認識が前提として存在することは了解するが、筆者は、本来人間が生きてゆく中でいわば本能的、あるいは原初的な営みに備わっている能力も、個々人によりその発現の仕方の違いがあり、その差異と発現の違いこそが、人間特有の万人共有の社会性＝公共性の存在と考える。そこに生誕後の人間間の生活の進展で他者と協働を強いられる中で生じるコミュニケーション能力を生み出す根源があるからである。暮沢説ではその差異感の共有のためのコミュニケーション能力については不明だが、その点も含めてパブリックアートというならば、芸術＝アートは、人間の誕生と共に生じた最初から持ち合わせた誰にでも備わっている公共性のあるものになる。従って、パブリックアートもアートそのものと同義語になると同時に「　」が不要になり、パブリックアートもアートの一形態に過ぎないアートであり、その区別が無意味ということになる。つまり、芸術とは、社会の産物としての制約を受けるという意味での社会性と本来芸術の持つ由来や原初性に基づき万人が共有するコミュニケーション能力の存在という意味での社会性との二重の社会性＝公共性を保有していると筆者は考える。前記抜粋では、暮沢説のその点が不明だが、芸術の誕生とその本質を孕む傾聴すべき多くの問題点の指摘があり好感を持った。

3. パブリックアート概念とアートの公共性

1）パブリックアート試論

個人的私論で試論の域を出ないが、パブリックアートの定義に関する説には、変遷がある。だが、従前より普遍的で変化しない認識としては、パブリックアート＝アート（芸術）の一形態であり、竹田直樹が指摘した「社会化されたアート」というより、より「社会性の強いアート」★[13]という点では、ブレない一貫した思考である。なぜならば、暮沢も確信しているように、アートとはそもそも社会性を帯びた表現や行為であって、パブリックアートも単なる芸術の一形態に過ぎないと思っていたからだ。そこで以下に、時間軸でその流れを紹介する。

1996（平成8）年9月高岡市内の銅器関連会社竹中製作所の支援により、インターネット上に公開の『パブリックアート（Public Art）へのメッセージ』では、その「まえがき」部分で「市民が自由に出入りできる公共空間の造形物」と定義し、その背景に「アートの公共性への模索」★[14]を挙げていた。また、1998（平成10）年10月の「第5回全国パブリックアート・フォーラム高岡」の第4分科会では「より多くの市民に認知されるべきアート」★[15]と追加的な記述を加え、市民参加の方向性による認知度のアップを目指していた。さらに、2000年3月発刊の拙稿「パブリックアートと美術教育」★[16]では、次のように考察した。

つまり、市民の出入り可能なパブリック・スペースにあるばかりでなく、作品の設置前・設置中にも市民参加があり、設置後にこそ教育・文化関係者からの心に根付かすための支援活動がある、市民に開かれたアートをパブリックアートと呼ぶのである。換言すると、パブリックスペースにあるという点では空間のアートであり、景観・文化行政への市民参加があらゆる場面で可能であるべきという意味では、民主主義のアートである。又、学校教育機関や生涯学習機関の側からの啓蒙普及が前提であり、次世代への継承努力の結果、市民の心に依拠して成立するという意味では、教育のアートとも言えよう。

加えて、最新の調査研究の成果を踏まえた「パブリックアート」は、次のように定義可能と考えるに至った。「アーティストの介在により、場（地域も含む特定の空間）と人（作家やその場や地域の住民など）ともの（情報を含む作品など）との関係性の中で成立するコミュニケーションツール、あるいはコミュニケーションの総体」と。つまり、従前の単なる空間に物として置かれたツールとしての作品への呼称に加えて、そこに関わる人々の営みを含む時間的推移のプロセスで築き上げた総体的な芸術作品を意味する。そういう概念こそが、造形美術系作品や舞台芸術系作品、及び文学系作品に関する理念を共有可能にし、西周の目指した芸術（アート）の意味とも一致すると考えるからである。

2) 3つのPublicと3つのC

かねてより、パブリックアートの展開を可能な限り自分の足と目を使い身体に則して考え作品の成立する場への臨場感を大切にしてきた。暮沢剛巳の言う公共空間と私的空間の区別のみならず、「市民参加」や「協働」に象徴される人間生活へのアートの必要性についても同時進行で考えていた重要な視点は、一見個人性が強いアートやアーティストの中に潜む、矛盾するかのような「アートの公共性」についてである。その点を本格的に考えさせた事例の1つが、2000（平成12）年新潟県十日町市を含む6市町村で開催のアートプロジェクト「越後妻有アートトリエンナーレ」の中心企画＝第1回「大地の芸術祭」の取材である。そこで大自然に包まれた広大な中山間地の大地を踏みしめ巡り、体感的にしか理解できない提案があった。

その成果を同年9月に静岡市で開催の「第39回大学美術教育学会研究発表大会」の分科会で、7つの「問題点と課題」の7番目に口頭発表した主要テーマが、「⑦3つのPublicと3つのCの実践」★17である。「3つのPublic」とは、「公共空間」「公金（税金）」「公衆（一般大衆）」の「3つの公共」である。概要集への記述は、広大な大地と自然から紡がれた体感的実感に基づく閃き的言語表現になった。

詳述すると、第1回「大地の芸術祭」は、豪雪地帯の新潟県十日町市を中心に津南町を含む広域6市町村（平成の大合併前の川西町・松代町・松之山町・中里村も含む地域）で、地理的には99年3月の総面積762.41K㎡、総人口7万9803人の「越後妻有郷」と呼ばれる地域での開催であった。絶景の美しさの清津峡、眼下に雲海を見せる里山などの自然環境、食文化としての「魚沼産コシヒカリ」や「十日町蕎麦」、歴史・生活文化としての国宝の縄文式火焔土器の保存や十日町紬と十日町雪祭り等にみる資源活用の可能性を探っていた。その一方では、若者の都市部への流失、それに伴う少子高齢化に代表される深刻な過疎化問題を抱えていた。その背景と条件の中、「人間は自然に内包される」をコンセプトで実施されたのが、世界的なアートプロジェクト「越後妻有アートトリエンナーレ2000」である。

芸術祭開始前と開催中の2度の取材で投稿したが、概要集記述の「3つのPublicと3つのCの実践」課題は、実際に越後妻有郷の美しい地域としてのCommunityの明日を思い、広大であるが故に住民間の交流を大切にし意思疎通の交信としてのCommunicationを絶やさず、共同と協働による現代社会の自覚的なCollaborationの実践で問題解決にあたることの必要性を体感的に感じ取っての表現であった。従って、8月の旧盆と10月の富山国体開催時にも取材をした入れ込みようであった。確信が持てたことは『第39回大学美術教育学会研究発表概要集』記述の7点の問題点は、(今日かなり理解と改善が進んでいるが)当時はそれぞれに原因があり具体的に対処しなければならないものであったこと、何より6点の課題は7番目の「3つのC」に集約された点であった。印象的なことは、「3つのPublicと3つのC」が衝撃的なキーワードとなり、静岡大会の分科会会場のドアを開けたまま立ち見の参加者も出るほどの混雑や質問者の発言内容等で注目を集めた点で、筆者には予想外であった。加えて、後に筑波大学芸術学群が「プロセス参加型実践教育プログラム」として文科省に申請・認可された「アートデザイン教育における3C力育成プログラム」の参考になったことも聞き、誇りと嬉しさを覚えた。

この取材で気付いたさらなる追加点も収穫であった。アートプロジェクトで展開の音楽やダンスも含めた舞台芸術系表現との共通点には、「アートの公共性」「アートの力」「コミュニケーション」の他に、4つ目に身体に即する感動に起因する「身体性」を列挙できる点である。いずれも身体を使う表現を通じ、少なくともその過程や結果の湧き上がるような感動を通じ、人間の身体の中で込上げるようなものを体感する。具体的には、感動的体感に到達する過程での呼吸数の増加や血圧の上昇や血流の激しささえをも伴うのが、身体性である。

そこで最後に、「アートの公共性」を論ずるに有効な視点を提供する論文を下記に紹介したい。2011(平成23)年3月、竹内晋平著「日本におけるアートマネジメントの現代的諸相」★18である。アートマネジメント論というよりもパブリックアートやアートプロジェクトの展開に関する整理された論考である。

「(1)空間の共有による公共性—パブリックアートについて—」では、「パブリックアート」は、市民の「空間」使用に終始せず、市民へのアートの提供方法を議論することによって本当の意味での公共性を帯びることができ、市民が求める形態の「アートを享受する権利が確立する」と述べている。また、「(2)時間の共有による公共性—アートプロジェクトについて—」では、「多くのアートプロジェクトは、アーティストと市民のふれあいや協働による作品制作により「時間」を共有する役割を演じている」ことに気付き、コミュニティアートとアーティスト・イン・レジデンスの事例を紹介している。

パブリックアートの定義に関する節で、筆者の試論と竹内論文紹介の意味は、発表時期と内容の同一性にある。竹内発表以前の第39回大学美術教育学会静岡大会で、筆者発表の「⑦ 3つのPublicと3つのCの実践」が、竹内の言う場の公共性、公衆の税金支出に関する公共性、市民参加による時間の共有=公共の時間という意味での公共性を当然含んでいたからだ。また、人間の関わり事体を最大限に評価し、「3つのC」の中でもCommunicationのCが、他の2つのCを内包すると考えたからだ。その上、変容しているかのように近年言われるパブリックアート=アートの概念が、むしろ並立して曖昧な使用が続いた芸術の意味を、liberal artsとしての理想的芸術の姿に戻すキーワードが「アートの公共性」と再確認できたからだ。人間のコミュニケーション力は、それぞれの分野を繋ぐ力であり、全ての人間の生活の中で強化されるものである。一見矛盾するかのような個性的アーティストが、社会の中で生き抜く力を育み、普遍的で独創的な「アートの公共性」を強化する。その手段が、場や地域における恒常的なCommunicationであるからこそ、アート=パブリックアートが、触媒的な共創ツールとして「アートの享受権」なる価値をも創出するのである。

《注及び参考文献》

★1　『納富介次郎と四つの工芸・工業学校』（佐賀県立美術館、2000）p.3、p.61

★2　現在の富山県立高岡工芸高校は、戦後学習指導要領が法的拘束力を持ったにも拘らず、いまだ戦前の工業高校の名残を残している。つまり、教科としての「工業科」に組み込まれた発想で、機械や電気・電子、及び土木関連の人員配置が多く、その傾向は、科目名を見ても明らかである。平成元年と同21年告示の『高等学校学習指導要領』の比較では、工業科の科目には、平成元年までは、土木関連の科目名が存在したが、同21年には消滅した。また、建築やインテリア関連科目としての「染色デザイン」「デザイン史」等の科目名が存在しても、「絵画」「彫刻」「デザイン」ましてや「工業科」内科目としての「金属工芸」や「漆工芸」等の科目名は、平成元年の時点から存在していなかった。

★3　佐々木健一『美学辞典』（東京大学出版会、1995）p.31

★4　西周（にしあまね）は、幕末にオランダ留学後、明治時代に活躍した日本の思想家

★5　新田秀樹『宮城県美術館研究紀要　第3号』（宮城県美術館、1988）pp.1-7

★6　新田秀樹『宮城教育大学研究紀要　第29号』（宮城教育大学、1994）pp.117-127

★7　杉村荘吉『パブリックアートが街を語る』(東洋経済新報社、1995）pp.13-18

★8　竹田直樹『パブリックアート入門』(公人の友社、1993）p.3

★9　竹田直樹『日本のパブリック・アート』（誠文堂新光社、1995）p.191

★10　谷口義人「第5回全国パブリックアート･フォーラム高岡の記録」『地域の活性化とパブリックアート』（パブリックアート・フォーラム、1998）p.42

★11　林容子『進化するアートマネジメント』（レイライン、2004）pp.189-190

★12　林容子・湖山泰成『進化するアートコミュニケーション』（レイライン、2006）

★13　松尾豊「パブリックアートと美術教育」『大学美術教育学会誌　第32号』（大学美術教育学会、2000）p.285

★14　松尾豊『パブリックアート（Public Art）へのメッセージ』（竹中製作所、1996）9月発信、2011年3月追加･再改定のインターネット著書。2012年6月以降配信終了。URL=http://www.take.co.jp/art/public/message/index.html で発信も、現在は寄贈を受けたCD-Rでプリント確認が可能である。

★15　松尾豊「高校美術とパブリックアート・…高岡第一高校の実践から」『地域の活性化とパブリックアート』（パブリックアート・フォーラム、1998）p.64

★16　松尾豊、前掲書「パブリックアートと美術教育」pp.283-290

★17　松尾豊「越後妻有アートネックレスの可能性」『第39回大学美術教育学会研究発表概要集』（大学美術教育学会、2000、p.41）で口頭発表した① Communication、② Collaboration、③ Communityの「3つのC」

★18　竹内晋平「日本におけるアートマネジメントの現代的諸相」『佛教大学教育学部論集第22号』（佛教大学、2011）pp.97-106

II

パブリックアート前史（日本）

PUBLIC ART

1. 野外彫刻の定義と文献的変遷

日本では「パブリックアート」呼称の登場以前から、「野外彫刻」「屋外彫刻」「環境彫刻」「環境造形」「公共芸術」等の名称が存在していた。様々な呼称誕生の中でも、一番定着した用語が「野外彫刻」である。その理由の1つに、宇部や神戸で実施の野外彫刻展等の隆盛がある。だが、アメリカ移入のパブリックアート概念からすると、1980年代後半以前の日本的野外彫刻は、厳密にはパブリックアートに該当しないとも言える。

本章は、下記の「野外彫刻」に関する定義に基づき整理し、その呼称出現に関する文献的変遷や設置状況に基づく分類の実態と到達点の解明に迫りたい。従って、その対象期間を、概ね有史以前から「彫刻のある街づくり」が全盛を迎え、「パブリックアート」用語が普及する前後と仮定した。また、その流動性や複合性に依拠した分類の実態と到達点の解明を目的に「Ⅱ：パブリックアート前史（日本）」と章立てした★[1]。但し、第1の前提条件として、呼称を「野外彫刻」に統一したこと、前提の第2に、パブリックアート前史としての「野外彫刻」を「直接的な衣食住以外の目的で、人間が石や木や土やその他多様な素材を彫り削り肉付けし、時には構成して野外または屋外の空間に設置、あるいは配置した精神性の高い造形物」と定義したこと。さらに、分類では、設置者意図を優先し、民俗学的野外彫刻、肖像的野外彫刻、象徴的野外彫刻、記念碑的野外彫刻、街角的野外彫刻、美術館的野外彫刻、自発的野外彫刻の7分類を基礎に考察を加えることを第3の前提にした。即ち、この仮定設定が、その後の日本的パブリックアートの展開を踏まえた本書の結論的テーマの第Ⅶ章の「2.アートの力と芸術の価値」に接続する意味を持つことになる。

次に「野外彫刻」呼称の文献的変遷だが、一定の関連性を保持しながらその出現は次のようなたどり方をする。1951（昭和26）年には、「第1回野外創作彫刻展」（日比谷公園）や「行動美術野外彫刻展」（京都円山公園）★[2]、あるいは1954（昭和29）年には「野外彫塑」★[3]等の言葉がすでに登場していた。興味深いのは、海外の事例にも詳しい土方定一である。「集団58野外彫刻展」（1957、神奈川県立近代美術館）の開催目録では「野外彫刻」という用語使用の一方で、後年の『土方定一著作集12　近代彫刻と現代彫刻』の中では「屋外彫刻」の呼称で、すでに公共空間における彫刻のあり方を説いている点である[4]。一部前後するが、『美術手帖』[5]、『現代彫刻』[6]及び『三彩』[7]でも野外彫刻展や彫刻シンポジウム等についての批評の増加とともに、「野外彫刻」用語が頻繁に用いられるようになる。

70年代に入り、美術雑誌にその言葉が良く掲載され出す。野外彫刻が一般の美術愛好者の関心を高めることで本格的なガイドブックが出版されるのが1980年である。80年の『彫刻の森美術館』[8]と『彫刻とのふれあい——宇部』[9]、85年には『彫刻の街こうべ』[10]が私設野外美術館や所有彫刻数の多い自治体から出版される。その流れの中で、原子修が『北海道野外彫刻ガイド』[11]を個人による特定地域の調査結果成果として出版するのが、85年である。91年には、全国的ガイドブックとして『現代日本の野外彫刻』[12]が出版される。

拙著『新潟　街角の芸術——野外彫刻の散歩道』(新潟日報事業社)の出版は、1987年(昭和62)年であるが、学校や都市部の図書館に納入され、生徒・学生及び、一般市民の生涯学習の補助財として役立っていた。しかしながら、これらの出版物は決して学術研究の方向には進まず、作品や作家の紹介と簡単な彫刻批評の域を出るものではなかった。

日本の野外彫刻実態を自らの調査結果に基づき、最初に学術研究として発表した文献は、1989(平成元)年3月発刊『大学美術教育学会誌　第21号』に登載された拙稿「野外彫刻の帰納的考察——地域調査結果と野外彫刻のあり方」であろう。少なくとも文献として審査を経た学会誌に最初に登場したものである。新潟・富山両県の調査結果に基づき、設置者意図や空間分類の他に、彫刻の形態・素材の分布、今後の共同研究の可能性等に考察を加えたものである。その他、日本の野外彫刻史[13]、彫刻シンポジウムの歴史[14]、「彫刻のある街づくり」事業の問題点や課題の整理[15]についても、先駆的調査研究として文献化してきた。以上のような、野外彫刻研究の文献的変遷途上でアメリカ生まれの新しい概念「パブリックアート」用語が合流し、その普及過程で理念の定着が進行した。

2. 日本野外彫刻史試論Ⅰ（縄文─江戸時代）

野外彫刻の定義を、前記のように定義可能ならば、人類史上は、室内彫刻よりも野外彫刻の存在が先行すると考えるのが自然である。日本では、石棒やストーンサークルに具現化するが、自称、民俗学的野外彫刻の誕生である。

明治以前の野外の造形物は、殆ど全てがこの範疇に属すると判断可能である。つまり、民俗学的野外彫刻とは、自然信仰を含めた人間の祈りや宗教思想等を造形化して設置、あるいは配置されながらも、時を越えて現代社会にまで残存した野外の造形物の総称である。以下、縄文時代から江戸時代までを一区切りとし、日本彫刻史上最初に登場にする民俗的野外彫刻を美術史上の時代区分を参考に概観したい。時代区分は今現在でも視点の軽重で日本美術史研究者の間でも様々だが、原則的には、拙稿「日本野外彫刻史試論」[★16]で参考にした『概説日本美術史』（町田甲一、吉川弘文館、学生版、1978年）に基づく。（**なお、太字の数字は章末の写真番号である**）

1）原始時代（縄文・弥生・古墳時代）

日本の有史以前でも確実に野外設置（配置）が判別可能なものに、石棒とストーンサークルがある。石棒は、男根の表現として定説化されているが、文献上は、北陸地方にその出現が多く、富山県では宇奈月町（現黒部市）愛本新遺跡や福光町（現南砺市）天神遺跡出土が著名[★17]とされている。現存する石棒の特筆品は、**2-1 長野県南佐久郡佐久穂町の大石棒**である。2.23mにも達し、かつて日本一の巨大男根、子孫の繁栄や人間の再生への祈りの表現といわれたが、最近の研究者は、その長さと用途についても異論を唱える人[★18]もいる。2012年6月、筆者の体感的現地調査では、祈りや自然への畏敬の念から身近な生活の中で信仰物に変化し、空間性の強い非日常的な存在に転化したと考えさせられた。但し、石棒自体は、一般的には、縄文中期に出現し、後期・晩期と小型化していくといわれる。

縄文後期の野外彫刻の代表に、ストーンサークルがある。有名な秋田県鹿角市野中堂遺跡のサークルは、高さ80㎝程の巨石柱を配列し、日時計説や墓地説もあるが、造形的には環状列石を構成的に配置したものでる。平成の大合併で誕生の長野県佐久穂町の大石棒や鹿角市のストーンサークル[★19]

は、非日常的な集団的信仰物としての公共性を持ちながらも壮大な空間の中での存在感が魅力である。用途は別にしても、日常空間にも出現することで市民性の高まりが推測できる。

また、時代を弥生時代に目を転じると、静岡市の弥生遺跡や弥生式土器の存在は確認可能だが、野外の立体造形物としての彫刻類は、筆者の研究範囲では確認不可能である。

古墳時代の野外彫刻と断定可能な造形作品には、埴輪がある。古墳の周囲に並べられた素焼きのテラッコッタだが、人物や動物を表現した形象埴輪に芸術性の高いものが多い。埴輪は、権力者の慰霊という意味では、民俗学的野外彫刻に属するが、後期には古墳を飾る意味が強まり、装飾的な野外彫刻の最初の出現と言うことも可能である。

2) 古代（飛鳥・白鳳・天平・弘仁貞観時代）

有史以前の古墳時代と古代の飛鳥時代の明確な境界は不明だが、埴輪同様に古墳を飾ったと思われる石人や石馬も、この期の野外彫刻とする。飛鳥地方の前方後円墳といわれる欽明天皇陵や **2-2 吉備姫御陵内の猿石**は、朝鮮半島の石工の制作と伝えられることからも石人の１種と考えられる。従って、５から６世紀にかけて、北九州の主要な前方後円墳近辺に出土の石人も、阿蘇山の火山岩を刻むが、猿石同様の石造物と考えられている。

古代の野外彫刻の代表に挙げられるものが、奈良県明日香村の朝鮮渡来の石工たちの彫刻である。一説には、仏教とは異なる土俗的祭祀に関係した石造物といわれるが、朝鮮半島渡来時の最高の石工技術の駆使や野外設置の点からも当時寺院に流行した中国経由の室内仏としての仏像よりもはるかに市民性が高いと思える。奈良県橿原市一帯、いわゆる飛鳥地方に点在の野外彫刻には、その他にユーモラスな表情の **2-3 亀石**等が有名である。また、**2-4 酒船石**や須弥山石等と呼ばれた石造物もあるが、近年の研究では、水との関連で庭園の噴水施設ともいわれる。その意味では、環境装置的な最古の遺品とも言える。

案外狭い飛鳥地方を2012年８月に自転車で回遊確認した筆者の体感的な感想は、遷都に呼応した著名寺院の配置に伴い、仏教と政治を結び付けたこの時代の権力者が、外部の要人接待のための施設の番人、あるいは威厳を誇示するための環境装置を石工たちに創らせた石造物と考えた。その点在化が、アート作品として文化資源に転化することで公共性を獲得し、その力が、今歴史ブームと相乗しこの地を輝かせていると思えた。

1991（平成3）年5月、奈良県当麻町の石光寺境内から「日本最古の白鳳仏」として発掘された金銅仏は、彫刻史の定説を揺るがした。石造美術研究者からも石仏と呼ばれる野外彫刻の出現もこの白鳳期である。2012年8月、無人駅の下車後、兵庫県加西市古法華自然公園内を散策したが、日本最古の石仏といわれる〈古法華三尊磨崖仏〉は、破損や摩滅も激しく、現在は重要文化財に指定され近くの **2-5 御堂内**で保管されていた。また、磨崖仏の登場も奈良前期の白鳳時代からといわれている★[20]。

古代・奈良後期である天平時代の野外彫刻の代表例としては、**2-6 東大寺大仏殿前〈灯籠楽人〉**を挙げなければならない。美術・文化資源としての人気では、とかく東大寺南大門〈金剛力士像〉や大仏殿〈瑠遮那仏〉の陰に隠れてしまいがちだが、現存する日本最古のブロンズ野外彫刻の点、丸彫りを許さない透かし彫りという点で特筆される。また、近辺に目を転じれば、奈良市高畑町にある〈頭塔石仏〉がある。石造美術史上は天平後期の様式を示す秀作といわれる。

古代でも平安前期、つまり弘仁貞観時代の野外彫刻の特徴は、磨崖仏の隆盛にあるといわれる。滋賀県栗東町（現栗東市）の **2-7 金勝山狛坂寺の巨大花鋼岩製〈如来三尊磨崖仏〉**は、この期の代表作で、薄肉磨崖仏の第1級品といわれる。2012年6月筆者の調査では、琵琶湖を一望可能な景観や朝鮮半島渡来の金勝族の山城近辺での集中や奇岩の露出による場の特異性・物語性などの点でも、信仰の対象物としてこの近江地方一帯における独特の文化的シンボルとしての存在に転化したと考えた。

3）中世（藤原・鎌倉・室町時代）

中世の平家武士が栄華を極めた藤原時代を概観すると、この期誕生の野外造形物としては、密教の石塔としての宝頭や五輪塔などが考えられる。しかし、浄土教的な阿弥陀石仏が急増し、特に厚肉磨崖仏や石窟仏も各地で造られた。大分県臼杵市の〈臼杵磨崖仏〉は、露出岩盤の断崖に大きな多数の像を刻み出し、全国的に最も有名な磨崖仏である。

一方で、北陸の地方都市 **2-8 富山県上市町の〈日石寺磨崖仏〉**は、現在では寺院の庇と御堂の中に収納の室内仏の感を受けるが、研究者の間では、空海の真言密教の影響を受けた日本最古の石造不動明王といわれる。しかし、地元では立山信仰の例証的存在として知られる程度で、一時期全国的には忘れ去られたかのように地域の現状は寂しさが漂っていた。

中世でも平家に代わり源氏が隆盛の鎌倉時代に入ると、それまでの石仏に狛犬も加わり、石造美術の磨崖仏は小規模化しながらも、大和文化圏で隆盛を極めた。ただ、春日大社を含む世界遺産指定の春日山原生林には、別称「柳生街道」があり、道中の **2-9 滝坂石仏群〈朝日観音像〉**は、鎌倉磨崖仏の代表とされている。2012 年夏の 8 月に、忍者の修行のような「獣道」を取材した筆者には、過酷なものであった。また、鎌倉時代には最初の石造丸彫り狛犬も出現する。その代表として京都府宮津市大垣の〈籠神社狛犬〉が、和洋の手法を示す最古作と称されて著名である。中世鎌倉時代を代表する野外彫刻の著名品には、金銅仏としてのいわゆる **2-10〈鎌倉大仏〉= 鎌倉高徳院〈阿弥陀如来像〉**がある。「日本 3 大仏」といわれるほどの巨大なブロンズ像だが、建立当初は室内仏であったものが 1495（明応4）年地震の「巨大津波による流失」で現在のような露座になったと伝えられている。

中世室町期の野外作品としては、京都市内の寺院石庭として世界的に著名な枯山水が注目される。元来、禅宗思想による庭園装飾といわれるが、イサム・ノグチの指摘のように、枯山水こそが現代彫刻とりわけ環境造形の原型であり、現代彫刻家に多くの示唆を与えた。京都大仙院や **2-11 龍安寺石庭〈枯山水〉**は、自然石や白砂の構成で自然界の空間を禅宗思想と同程度に高貴に映し出し、芸術性を高めているように思えた。

4）近世（桃山・江戸時代）

桃山時代の野外造形物は、見るべきものが少ないといわれるが、石造美術として茶の湯の茶庭に石灯籠や水鉢が盛んに用いられるようになった点が、特徴ではなかろうか。神仏前の献灯具が、室町の枯山水のように装飾的・環境造形的に配置・構成されてきたわけだが、生活の中での必要性と市民性の高まりの反映を意味した事例である。

江戸時代の野外彫刻で特徴的なことの1つは、長野県内 **2-12 信州安曇**

野地方の道祖神の出現である。民間信仰物としての道祖神は、厄除け、道中安産、縁結びなどを意図する雑多な祈願像といわれる。また、**2-13 富山市長慶寺の〈五百羅漢像〉**等の群像石仏が、全国的に流行するのも、この期の重要な特徴である。両者とも多様な人間の多様な信仰を物語ると同時に、信仰仏が時代の変遷を経てやっと様式美を脱却し、オリジナリティのある個性美の追求が本格的に許され出したことを意味すると考えた。木彫として残された円空仏と同様に仏像彫刻史上も画期的な時代に突入した証明でもあろう。

さらに、面白いことに、地方都市での「銅像」の屋外展示の散見も指摘可能だ。室町時代の鎌倉高徳院のいわゆる〈鎌倉大仏〉は、自然災害で露座になったわけだが、長野県上田市法泉寺の〈地蔵菩薩像〉は、1804（文化元）年の鋳造で、その初期から屋外展示を意識していたと思える存在だ。また、1825（文政8）年に富山県**2-14 小矢部市観音寺〈地蔵菩薩半跏像〉＝別称〈延命地蔵〉**も、上田法泉寺と同じ作者の鋳物師小島大二郎・藤原弘孝の作として現存する★21。江戸末期には、地方都市への鋳物技術と金銅仏の拡散で仏像が、木彫からブロンズ像へと素材を変えてまで、公共空間に近い言わば「公開空間」である寺院の境内や前庭などへ進出していたことを意味する事例と考えられる。

3. 日本野外彫刻史試論II（明治以降）

1）民俗学的野外彫刻の変遷

明治以前の野外彫刻は、文献上の制約と民間信仰や人間の宗教思想を伝え続ける人々の営みの存在故に、民俗学的野外彫刻しか確認できない現状である。従って、明治期は、江戸時代からの接続的視点で民俗学的野外彫刻からの記述になるが、筆者の設置者意図別呼称の分類に基づき記述したい。明治以降は、特記すべき一次文献が散見され出すからである。

明治以降の民俗学的野外彫刻の具体的散見は、金銅仏の寺院前庭の観音様や在郷の田舎道に点在する野仏、戦後の「報徳思想」の普及から学校玄関近辺に多い〈二宮尊徳像〉等が目を引く。また、水難事故防止を祈る**2-15〈海難救助祈願像〉**や戦後の交通戦争による自動車事故防止のための

〈交通安全祈願像〉等が登場する。特定の一般市民の切実な願いから生まれた作品が多いが、いずれも野の語り部であったり、街角の悲痛な叫びであったりし、そこに愛しむべき失われた命への祈りの思いが共有されている。作品の空間認識の弱さの指摘は可能だが、設置者の経済力と作家の認識に依存し、その目的からすると当然の傾向と思える。

2）肖像的野外彫刻の変遷

特定の人物や犬等も含む主に実在した動物の野外空間の肖像彫刻の総称である。具体的には、神話上の人物も含め、主として、実在した人物や人と関わりながらも人間に感動的に貢献し時代の脚光を浴びた動物等の顕彰も意味する野外彫刻の総称を肖像的野外彫刻と呼ぶ。

最近、明治以降の野外肖像の研究が武蔵野美術大学彫刻科黒川研究室に事務局を置く「屋外彫刻調査保存研究会」のメンバーによりかなり活発になってきているが、それ以前の研究書物としては、1928（昭和3）年の『偉人の俤』（二六新報社）の出版に待たねばならなかった。2009（平成21）年、ゆまに書房からその復刻本が刊行されたが、単なる復刻以上の、80余年の蓄積を加えた新しい研究成果が待たれるところである。

設置年判明の明治以降の野外彫刻では、その最初が、**2-16 金沢市兼六園内〈日本武尊像〉**といわれる。1880（明治13）年設置の神話上の人物像だが、井波彫刻家（現南砺市井波）の田村与八郎守貞による木彫原型と『高岡銅器史』★[22]には記録があり、既存のものは、1991（平成3）年から高岡市内の銅器会社勘渓工房般若鋳造所で修復・鋳造され、1992（同4）年兼六園に再度設置されたものである。一方、復刻版『偉人の俤』★[23]では、「原型作家藤田与三郎外六名」「設置年月大正十三年十月」とある。高岡在住の鋳物師藤田与三郎が、棟梁として7人で鋳造したという記録である。原型については、諸説紛々とするが、『兼六園「明治紀念の標」修理工事報告書』（石川県）によれば、「佐々木法橋泉竜が、『前賢故実』（天保7年菊池武保著）を参考にして描いた画像が原型であることはよく知られている」★[24]とある。しかし、仮にそれが平面画像として現在の〈日本武尊像〉の描写だったとしても、ラグーザによる西洋彫塑技法移入前の日本では、鋳造目的の丸彫り立体造形物としての原型は、一部の地域を除きほぼ木彫であった。

従って、金沢の仏師松井常運説[★25]も一候補ではあるが、筆者は2011年1月、偶然にも当時の原型審査会出品の木彫小型模型を石川県立美術館で確認[★26]している。30cm前後と思えた木彫像と落選の審査結果を示すキャプションで確認した。何よりもその出品模型の姿が、金沢兼六園作品とは似て非なる造像だった。従って、消去法で残るのは、地元高岡市内鋳物師や南砺市の井波彫刻関係者の発言等から、『高岡銅器史』指摘と合致する田村与八郎守貞のみである。但し、鋳物師棟梁藤田与三郎が原型に名を刻むのは、明治期から昭和の戦前にかけての鋳物師の経済力を誇示する記録残存のためと推測する。

また、兼六園〈日本武尊像〉は神話上の人物だが、実在人物最古の銅像は、**2-17 1890（明治23）年設置の〈亀井茲監（これみ）公頌徳碑〉**と判別可能である。2013年3月、筆者の現地取材でも「三月」の建立を確認できた。2012年出版の『日本の銅像』[★27]によれば、作者は、工部美術学校でラグーザに西洋彫塑と鋳造法を学んだ菊地鋳太郎である。この像は、島根県津和野町嘉楽園の歴史性と津和野藩最後の藩主亀井茲監という実在した人物の最古の肖像的野外彫刻であるが故に貴重である。その後、戦前から有名な東京九段靖国神社内の〈大村益次郎像〉が1893（明治26）年に設置となる。イタリア人彫塑家のラグーザの愛弟子大熊氏廣の作品であり、原型が塑造表現の必然として石膏化されたことに特色を持つ。内務省土木局の原型制作依頼[★28]であったが、戦前・戦中の金属回収策や終戦直後の軍国主義シンボルの批判にも拘わらず残存する希少な作品である。

同様に設置年判明の肖像的野外彫刻は、高村光雲作が目を引く。1898（同31）年**2-18 上野公園内〈西郷隆盛像〉（＝犬は後藤貞行の原型）**、1900（同33）年皇居前広場の〈楠正成像〉等であるが、いずれも木彫原型で現存する。さらに、全国的に散在する神武天皇顕彰碑は、幾つかの銅像が富山県内にも存在する。著名残存作品として、**2-19 氷見市旭山公園の〈古武士〉**が確認できる。前著『日本の銅像』では、1907（明治40）年の設置、原型が喜多万右衛門（13代目）とある[★29]が、地元紙北日本新聞では、高岡工芸学校金工科原型部教師大塚秀乃丞の作、1908（同41）年9月建立の記事[★30]がある。2012年の筆者の調査でも、作品台座右側に原型師としての大塚秀乃丞の実名の刻字を確認した。法律上の著作権の放棄というより金沢兼六園〈日本武尊像〉の鋳造師藤田のように、法も存在しない明治の時代背景が、原型と著作権も買い取る実態を作り上げ、鋳物師の力の強大さを示した残存例であろう。明治40年と同41年の違いは、40年に原型完成と鋳造を完了し、41年には台座上への建立を終えたことを意味すると筆者は考える。

その他、大正期のこの種の野外彫刻には、高岡の稀有の原型師米治一作の高岡市有磯正八幡宮 **2-20〈左大臣・右大臣〉像**が1921（大正10）年に1対設置されている。1922年東京三宅坂設置の〈寺内正毅元帥銅像〉（北村西望）よりも早い貴重な存在例である。

第二次大戦後初期の著名な肖像的野外彫刻の代表は、犬である。1948（昭和23）年、**2-21 JR渋谷駅ハチ公口広場設置〈忠犬ハチ公〉**である。その後〈野口英世記念像〉が1951（昭和26）年上野公園科学博物館前に設置されるが、日展の吉田三郎による原型制作であった。また、渋谷のハチ公同様に、自分の飼主を雪崩から2度も救い出して有名になった犬もいる。**2-22〈忠犬タマ公の像〉**のことだが、新潟県中蒲原郡旧川内村山間部で、雪崩で生き埋めになった主人救出の柴犬の顕彰像である。作者は、同村出身で戦前東京藝術大学助教授を務めた羽下修三である。筆者も出身の地、母校の旧村松町立川内小学校では、4年次に校長室から中庭に公開設置し、野外展示のため除幕式をした記憶がある。2012年8月の確認時には、生徒玄関付近に移設されていたが、村松町と五泉市の合併後の閉校により、五泉市教育委員会に移管され寂しそうに佇んでいた。

以降、平成の現在までの肖像的野外彫刻も無数に存在するが、明治・大正・昭和の戦前の作品の大半は、その作品の威容を誇るかのように高所設置例が多い。さらに、近年の人物肖像は、本人の意思で存命中からの肖像化傾向を指摘できる。

3）象徴的野外彫刻の変遷

特定の時代背景や事件や思想等を印象付けるべく、象徴化した野外彫刻である。従って、主に人間のフォルムで形象化され、特定個人の業績を残すよりも内省的な意味で未来に向けて不特定多数者への福祉的精神の高揚を目指す物語性の強い野外彫刻の総称である。この分類の該当作品の最初は、大正中期に堀進二や吉田三郎らによる建築の装飾彫刻試行の頃と思われる。その前提が正しければ、設置年判明の象徴的野外彫刻の最古作品は、**2-23 東京駅前日本工業倶楽部会館屋上の小倉右一郎のセメント像**である。

題名のない男女の等身大の作品だが、1920（大正9）年設置である。反対側ビルで確認・撮影した筆者は、その保存状態の良さと男女の協働と協力で日本の未来への期待を祈念・象徴するような趣を感じた。余談だが小倉は、終戦直後に母校の香川県立高松工芸高校の校長に赴任する。

昭和の戦後作では、渋谷駅〈ハチ公〉同様の最古作として、1948（昭和23）年に菊池一雄の〈青年像〉が慶応大学校内設置の記録がある。学生たちによる真実への追究と活躍が切望されてのことである。49年には、上野駅前広場に設置の長沼孝三のセメント像〈愛の女神〉は、戦死し引き裂かれた肉親への思いを愛と命と自由をテーマに表現せざるを得なかった作者の心情表現であった（現在、写真は存在も所在不明）。また、同年11月には、日比谷公園内に戦後セメント像の最初期作品、あるいは第1回の野外彫刻展の貴重な記録作品として、乗松巌の〈自由の女神〉像が設置された。今はブロンズ化し残存している。

地方都市に至っては、同年の富山駅前には、二紀会創設会員の松村外次郎のセメント像〈平和群像〉が設置になった。駅前再開発振興策に基づき現在 **2-24〈平和群像〉**（ブロンズ化後移設）され、その存在感と意義を強めた例である。太い脊柱の4面に丸彫りに近い躍動感ある人間像を多面的に配置することにより、戦争による人心の傷痕を協力しながら乗り越えようとする意志表示と戦後の復興と平和の構築を祈念する内容である。さらに、「教え子を再び、戦場に送るな」のスローガンで結集した新潟県教職員組合寄贈の広井吉之助の〈平和像〉が、長岡駅前近くの明治公園に1951（昭和26）年設置になった。聖母マリアのような女性像と子供たちの眼差しが印象的なブロンズ像だが、現在は、**2-25 平和の森公園移設の〈平和像〉**として、空間性と市民性を高めた作品に変容した例でもある。

昭和の30年代に入る頃から題名も徐々に未来志向になる。校庭内のセメント像も、白色セメントの普及や美術教育の成果の一端として量的増加を示してゆく。1958（同33）年には、新制作協会の山内壮夫が札幌市民会館前に〈希望〉を設置する。戦後の復興と自由と民主主義の切望の中で、やっと一条の光明を見出した一般市民の感情を代弁したものであった。全国的傾向としても、愛・平和・自由・希望等のテーマやタイトルの変遷をたどりながら、昭和50年代の1978（昭和53）年には〈夢〉（高岡市古城公園、北村西望）や79（同54）年には〈よろこび〉（美唄市役所前提、小川清彦）等と変化する。

象徴的野外彫刻の変遷は、上記の流れを特徴付けるように進み、一般的には具象彫刻の形態的変遷の中で、未来志向型の内容を示すようになる。近年では、素材の多様化と耐久化志向、及び設置空間における環境との調和の視点から、作品内容の象徴性よりも作品のフォルムと場との調和性により抽象系も増えている。彫刻家の設置当初の意図を超えて、作品の移設や素材の変換、設置環境の変化や公金支出者（多くの場合行政側）による意図の優先もあり、より一層パブリックな空間の中で、アメニティ環境の創出が求められ、象徴的祈念碑というより分類自体が不可能で無意味なほどに後述の記念碑的野外彫刻に変容してゆく場合がある。つまり、祈念碑的なシンボルとしての象徴的野外彫刻からモニュメントとしての記念碑的野外彫刻への変遷が、「パブリックアート」呼称を冠する事業展開と一致する部分が、歴史的に面白い視点である。

また、戦後美術史上の事件としての特筆事項がある。**2-26 本郷新〈わだつみの声〉（＝本郷新記念札幌彫刻美術館）**の事例である。太平洋戦争で散った戦没学生を象徴する祈念像として、東大わだつみ会から制作依頼された作品である。作風的にはロダンの影響を感じさせる一方で、内容的には悲嘆を内に秘めながらも戦争遂行者への激しい怒りを滲ませた像として1950（昭和25）年に完成した。同年の東大校内設置拒否のために様々な変遷を経て、その3年後の1953（昭和28）年にようやく立命館大学に設置になった話は、余りに有名である。不運に泣かされた〈わだつみの声〉は、その後も屋外設置された作品が学生運動により倒壊され、今現在は、**2-27〈わだつみ像〉として国際平和ミュージアム内**に展示されている。また、同じ1953年には、戦後沈黙を守っていた高村光太郎が〈みちのく〉を十和田湖畔に設置する。十和田湖のモニュメントというよりも智恵子や戦争への後悔から自らが立ち直ろうとした光太郎自身の自覚的意思表示の祈念碑のような作品である。

さらに衝撃的な例としては、新潟国体祝勝ムードを吹き飛ばしてしまった新潟地震の象徴的祈念碑がある。地震3年後の1967（昭和42）年設置の

2-28 早川亜美〈みちびきの像〉は、子供たちの地震への恐怖と驚愕に引率教師の必死さがリアルに表現されたセメント像である。作品の内容と設置場所（新潟市営テニスコート横の新潟県民会館脇から、県民会館入り口前に移設）の一致した物語性の強い具象形態のシンボル像と言える。

4）記念碑的野外彫刻の変遷

この種の野外彫刻は、歴史的記念事業や広場の再開発などと連動した公共事業の展開を内外に誇示した記録を造形的に残す趣旨の野外彫刻である。1980年前後から急増傾向を示すが、初期の例としては、1958年の富山国体記念における富山市五福公園内の〈美と力〉が、巨大抽象系セメント像として登場した（1988年に高純度アルミに縮小・移設）。地方在住のセメント彫刻家として著名な永原広の原型であった。地方都市の1つ新潟市には、1982年に**2-29 新潟駅南口広場に関根伸夫〈水の神殿〉**の設置例がある。上越新幹線開通と駅南口商店街再開発ビル（プラーカ）の進出と連結したモニュメントの出現だった。しかし、時代の新たな展開により現在は、一世を風靡した代表作家のサイトスペシフィック作品が、新潟市東区下山地区スポーツセンター近辺に移設された事例だ。否、作家本人が移設後の設置環境に納得したか疑問な事例である。これらの野外彫刻は、歴史的事件に関する人物像を形象化せざるを得ない象徴的な具象形作品の存在とは別に、都市開発に連動した公共空間創出に伴う環境装置の役割としての抽象系作品が多い。具象形・抽象形を問わない共通の視点は、その時代の特色を直接反映する内容を提供する点である。従って、抽象系作品の多さは象徴的（祈念碑的）野外彫刻の比ではない。しかしながら、作家、あるいは共同制作チームに、その理念を理由に景観創美のコンセプトが初期の段階から組み込まれるが故に、質の高い都市景観創美への貢献が第1に求められる傾向にある。

5）街角的野外彫刻の変遷

日常の生活空間である街角や街路や小広場等を彫刻で点景的に飾ることを主目的に、計画的設置を試みた野外彫刻の呼称である。従って、この種の彫刻の登場は、自治体が意識的に彫刻設置事業に取り組みだして以降のことである。美術館的野外彫刻の群としての作品や街角の祈念碑や交通安全祈願像などとも趣が違うのは当然である。つまり、何気ない日常風景に溶け込むような景観の創出を狙いとする1点設置の物語性の高い作品を目指すことになる。

筆者が定義する全国最初の街角的野外彫刻は、山口県宇部市の作品である。宇部市が、当時の公害追放の流れと緑化運動との呼応で誕生の「宇部を彫刻で飾る事業」の事務局を設置した1961（昭和36）年以降のことである。同年実施の第1回宇部市野外彫刻展、62年の全国彫刻コンクール応募展から1965（昭和40）年の第1回現代日本彫刻展以降の招待や受賞作品を通じ、全国の先駆けとし（常盤公園内に集中設置する美術館的野外彫刻の収集と並行して）街角を彫刻で飾る事業を運動として開始したからである。61（同36）年に木村賢太郎の〈洗濯機以前〉を宇部市立図書館前に設置し出すが、1963（同38）年には、すでに野外彫刻展の受賞作以外の作品も確認できる。これは、彫刻で街を飾る運動の方法論が未定のままの出発を意味する。それ故に、近代日本の著名彫刻として有名な荻原守衛の絶作〈女〉が、新川緑地帯に設置の経緯をたどる時期もあった。

1968（昭和43）年には、神戸市も宇部同様の土方定一案での野外彫刻展による作品収集を「ミュージアムシティ神戸」構想の中で須磨離宮公園での野外彫刻展を企画し、受賞作設置を開始する。いわゆる「須磨ビエンナーレ」といわれる須磨離宮公園現代彫刻展に江口週の第1回出品作の〈弧への回帰〉が、同年湊川神社西側歩道に設置される。この作品は、神戸市内の街角的野外彫刻の最初の出現となる。しかし、後にこの歩道が「緑と彫刻の道」事業に組み込まれたことによりストリートギャラリーとしての美術館的野外彫刻の1つに変容してゆく貴重な事例と考える。

1973（昭和48）年には、長野市が、長野市野外彫刻賞を制定し、過年度の秀作を「『置く』のではなく『飾る』意識で（中略）広場や街角に設置」事業を開始する。従って、同年には、土谷武〈作品1972〉が信濃美術館裏手に、矢崎虎夫の〈托鉢〉が霊園道路脇に、**2-30 柳原義達〈道標〉が南千歳公園**に設置になる。

1977（昭和52）年には、仙台市がオーダーメード方式として脚光を浴びた「杜と彫刻」事業をスタートする。最初に設置場所決定後に、その場の空間に見合う作品の制作力を持つ彫刻家を指名し、作家の受諾後に場の空間感や物語性を念頭にサイトスペシフィックな作品制作を求める方式である。西公園の朝倉響子作〈二人〉や**2-31 岩野勇三の〈牧歌〉**は、仙台方式のオーダーメード型の傑作と言える。1979（同54）年には例外的な手法で定禅寺通緑地へ設置のエミリオ・グレコ作〈夏の思い出〉は、結果的には、街角的野外彫刻のノスタルジーを醸し出した。

八王子市の場合「彫刻のあるまちづくり」が、市の事業としては1978（昭和53）年に発表になるが、同年の第2回八王子彫刻シンポジウムの作品から市の主導で設置し出す。市民会館駐車場に大成浩作〈風拓 No.4〉が、西放射線買物公園には、秋山礼巳作〈空間の面〉等が登場してくる。

1981（昭和56）年に入ると、高岡市も「彫刻のある街づくり」事業として街角や歩行者動線上に具象的人物銅像を設置し出す。この種の彫刻に相応しい作品に**2-32 岩野勇三〈ぎんぎんぎらぎら〉**が、83（同58）年に末広坂小公園に登場する。1986（同61）年には、**2-33 浦山一雄〈バックレス〉**が御旅屋通り商店街に、朝倉響子の〈ひとときき〉が槐（えんじゅ）通りの喫茶店前に現れ、市民から親しまれるようになる。

その他、広島市（1981年）、碧南市（1983年）等が、続々と事業を開始し、街角的野外彫刻の出現を加速させる。「彫刻のある街づくり」事業の作品設置志向が、街角的野外彫刻風タイプが一方にあり、他方では特定空間に集中設置を試みる美術館的野外彫刻風タイプがある。つまり、両タイプの作品を同時進行的に収集し出した自治体も登場するわけである。前者の最初期は、単に街を飾る意識からの出発であり、次に展覧会出品作の修景的設置が始まり、芸術性はもとより空間性の質的向上が希求された。そして、一層の親しみや愛着の湧く市民性の高い作品内容が求められてきた。

6）美術館的野外彫刻の変遷

公園や道路、あるいは山間地などの特定の広がりを持つ野外の限定空間に、美術館またはギャラリーのように集中的に設置され、群としての一定量の作品設置・公開をする野外彫刻の総称である。但し、野外彫刻展や野外展示会のように、期間限定で一時的設置の展覧会的野外彫刻や作家自らの意思で設置の自発的野外彫刻は、この範疇には入れない。

現代日本の美術史上最初の美術館的野外彫刻は、宇部市野外美術館の作品である。「宇部を彫刻で飾る運動」当時の星出市長が、岩城次郎を初代美術館長に抜擢したその年が始まりである。すでに1961（昭和36）年の第1回宇部市野外彫刻展時には、常盤公園を野外彫刻美術館と命名していたが、平成4年頃までは、博物館法による美術館ではなく、「学芸員のいない美術館」と呼ばれていた。1984（昭和59）年の「宇部市内彫刻一覧」によれば、常盤公園には、1961年当初は中島快彦の作品1点のみで実質は、街角的野外彫刻の観が強かったことを窺わせる。1965（同40）年にやっと8点の展示となった記録があるが、その頃から美術館、あるいはギャラリーのような展示構想を強く志向し出したことが判明する。以降、同年からの現代日本彫刻展での受賞作買い上げにより、その数は、増加の一途をたどってきた。代表作に**2-34 向井良吉〈蟻の城〉**等がある。

1969（昭和44）年8月には、箱根に日本最初の私設野外美術館となる彫刻の森美術館が開館する。開館当初は約30点の設置彫刻が、平成24年1月現在7万㎡の広さに名作約120点の常設展示である。現代国際彫刻展、彫刻の森美術館大賞展、高村光太郎大賞展、ヘンリー・ムーア大賞展等による作品収集を図ったが、代表作として**2-35 ヘンリー・ムーアの〈横たわる像：アーチ状の足〉**等が設置されている。

1970（昭和45）年には、**2-36 広島県山県郡千代田町（現北広島町）の「たいどう彫刻村」**が開村する。彫刻家のみの公募団体創型会は、戦後まもなく会単独の野外彫刻展も企画した。その設立会員の奥山泰堂の作品約100点を設置したものだ。個人作家作品のみ収集の野外彫刻美術館としては、日本最初の事例であろう。広大な展示面積100haの丘陵地は、殆どが、具象形態のセメントや石膏像で埋まっている。代表作に〈鳥〉等がある。

同70年（昭和45年）から中原悌二朗賞を制定した旭川市は、1972（同47）年に全国最初の歩行者天国をオープンした**平和通買物公園**に彫刻設置を開始する。平和通りの約1㎞内には、野外ギャラリーの趣で加藤顕清〈母子像〉や**2-37 佐藤忠良〈若い女〉**が同年に設置になる。ストリートギャラリーとしての美術館的野外彫刻の日本最初の誕生と考えられる。1976（昭和51）年頃から神戸市も「緑と彫刻の道」事業を本格化させる。前述のように、湊川神社西側通りの約400mの文化ゾーン地帯の道路脇が整備され、1990（平成2）年には、16点の彫刻展示が確認れた。代表作には、最古作品の

2-38 江口週〈弧への回帰〉を列挙する。1978（昭和53）年に入ると、高岡市古城公園本丸広場付近を中心に「芸術の森」事業がスタートする。同年の9点から3年後の81年には、全体で19点の設置となる。代表作に朝倉文雄の〈競技前〉や齋藤素巌の〈行路〉等がある。また、1979（同54）年には、神戸市役所前通りに「フラワーロード」と銘打たれた野外ギャラリーが誕生する。主に野外彫刻展受賞作品と道端の花が様々に咲き誇るかのような趣を示すようになる。1981年に完了するが、平成元年度環境芸術大賞の特別賞を受賞する。代表作に**2-39 多田美波〈スペース・アイ〉**等がある。

さらに、1980（昭和55）年になると京都野外彫刻の森の開設、1981（同56）年には、野外美術館等の増設のため美術館的野外彫刻は急増する。茨城県笠間市の日動美術館に野外彫刻庭園が併設になるのは5月である。6月には、長野県武石村の高原に美ヶ原高原美術館が開館した。第3セクター方式と国定公園内への彫刻設置の点でアートファンを驚かせた。加えて同年、滋賀県大津市では「琵琶湖大橋彫刻プラザ」が完成し、現代彫刻家の代表作7点が設置の運びとなった。富山市でも「松川べり彫刻プロムナード」事業が開始になり、1981（昭和56）年に4点、完了時の1983（同58）年には28点の作品群が、川辺の散歩道に佇むことになる。代表作に**2-40 二口金一〈対話〉**がある。

1982（昭和57）年以降でも堰を切ったように、地方都市の公園や遊歩道に野外彫刻の設置が続いた。その野外ギャラリー的な美術館的野外彫刻群が、「彫刻のある街づくりの典型」とさえいわれた時期の出現は、時代の趨勢を示すものであった。1982年**2-41 上越市高田公園「ブロンズプロムナード」**、「札幌芸術の森野外美術館」の1986年の開館、1987年には、**2-42 水戸市本町「ハミングロード513」**事業を開始する。1990年には**2-43 横浜彫刻展受賞作**が太尾堤緑道へ設置になる。1991（平成3）年には、**2-44 茨城県岩瀬町（現桜川市）「石匠の道」**に建設省主導の石彫コンクール入賞･入選作が設置になる。

とかく美術館的野外彫刻誕生の初期は、有名作家の室内作品の移設展示があり、次に野外彫刻展での受賞作の設置が目立った。後期には野外展公募の最初の段階から設置場所の選定、その後の入賞･入選作の決定、修景、作品設置の手順を踏むようになった。「彫刻のある街づくり」の目的により手法を変えながらも、芸術性の高さ以外に、後に空間性の向上や公共空間への公金の支出方法等の観点から市民参加も含めた市民性の獲得が叫ばれるようになる。バブル経済を背景に、「彫刻のある街づくり」事業の中心的タイプの美術館的野外彫刻の全国的広がりが、作品量の多さからも自治体や美術関係者以外の一般市民へも、パブリックアート用語の普及のみならず、その本質的意味の問い直しをもたらした。

7）自発的野外彫刻の変遷

彫刻家自身あるいは、制作グループ自らの意思で野外設置した彫刻の呼称である。一定の限定空間に集中的設置を試みる美術館的野外彫刻と違う点は、作家の工房等の限定された中・小空間に個人や制作グループの負担で設置・管理が実施された点である。この種の野外彫刻は、古来より日本各地の石工や石彫家たちにより、工房や庭先、または石の集積地にかなり存在したことは十分に考えられる。イサム・ノグチが工房と住居を構えた香川県高松市牟礼界隈を訪れた者なら誰しもが気付くことでなかろうか。

筆者の調査範囲では、設置年判明の自発的野外彫刻の代表は、1978（昭和53）年から設置になる**2-45 長岡市南蛮山「石彫の道」の作品群**である。1977（昭和52）年から開始の「釜沢石彫シンポジウム」成果の公開で、毎年旧盆の3日間程度を新潟県内から集合の美術教師たちが、地元石材店の協力を得て積年制作として釜沢石を彫り続けた成果の展示であった。代表作に元井達夫の〈星との対話〉や戸張公晴の〈南蛮の今昔〉等がある。また、新潟市内の公開**2-46 私設ギャラリー「碌塊苑」**は、宮越敏夫が1986年に開苑したが、宮越本人が制作した石膏像やFRP像を、自己の経済力と意思により公開展示したものである。代表作に〈日本海〉等がある。さらに、富山県南砺市（旧城端町）立野ヶ原にあった岩城信嘉の工房では、砺波平野を眼下に見下ろすような前庭に行動美術展の出品作を中心に、生前の岩城の作品を数十点ほど展示していた光景を記憶している。

8）遊具的野外彫刻と類型化の問題点

正確には、「野外彫刻の帰納的考察」★31を著した頃には、すでに近隣の**2-47 公園にパンダ等の動物形遊具としての野外彫刻**の存在に気付いていた。記憶をたどると、初期の頃はセメント作品も見られたような気がする。近年は、樹脂取りされたFRPが殆どであるが、人口の多い都市部や銅器産業のある地方都市では、ブロンズ像もまま見かける。遊具としての動物が、屋外または野外空間で彫刻とみられるようになったのは、子供たちへの公園という場に対する空間や遊びへの認識的深化と公園管理者と動物作品置換に関わった作家が連携した頃と考える。これを遊具的野外彫刻と分類可能であるが、その意味の限界もある。

全国の野外彫刻を北は北海道旭川市から南は九州鹿児島市までを巡り気付いたことは、その分類の意味に関する変容についてである。例えば、〈二宮尊徳像〉は、設置者が報徳思想の普及と考えれば民俗学的野外彫刻であり、実在の人物の顕彰と考えれば、肖像的野外彫刻に分類可能である。街角の祈念碑的シンボルが、都市の再開発等のため修景や移設で設置空間の変容を優先した場合、象徴的野外彫刻から記念碑的野外彫刻に名称変更の可能性も大いにある。しかし、分類自体は便宜上の措置で、そこに重点を置き過ぎると無意味になるので、ここではその他の分類の可能性を指摘することで筆をおきたい。

《注及び参考文献》

★1 本章は、大学美術教育学会誌発表の「野外彫刻の帰納的考察」(1989)と「日本野外彫刻史試論」(1992)の2編を複合的に再構成し「Ⅱ:パブリックアート前史(日本)」とした。
★2 『昭和の美術 第3巻』(毎日新聞社、1990)巻末「彫刻」年表、pp.186-187
★3 『富山産業大博覧会誌』(富山県、1954)p.850
★4 土方定一「銅像は何処へ行く」『土方定一著作集 12』(平凡社、1977)p.279
★5 「特集 野外の現代彫刻」『美術手帖 第26号』(美術出版社、1996)pp.10-29
★6 「須磨離宮公園現代彫刻展のあゆみ」(1974年11月号)や「特集 長野市野外彫刻賞」(1978年8月号)、「彫刻シンポジウムの理想」(1984年8月号)いずれも聖豊社
★7 「旭川市 中原悌二郎と買物公園」(1985年11月号)や「秦野市 丹沢野外彫刻展から」(1987年11月号)等、いずれも三彩社
★8 財団法人彫刻の森美術館、1980年5月
★9 宇部市公園緑地課、1982年3月
★10 神戸市市民局市民文化課、1985年3月
★11 原子修『北海道野外彫刻ガイド』(北海道新聞社、1985)
★12 酒井忠康・米倉守監修『現代日本の野外彫刻』(講談社、1991)
★13 松尾豊「日本野外彫刻史試論」『大学美術教育学会誌 第24号』(大学美術教育学会、1992)pp.59-68
★14 後藤敏伸・松尾豊「彫刻シンポジウムの歴史と到達点(日本)」『富山大学教育学部研究紀要 第43号』(富山大学、1993)pp.13-22
★15 松尾豊「『彫刻のある街づくり』にみる現状と諸問題」『大学美術教育学会誌 第29号』(大学美術教育学会、1997)pp.7-16
★16 松尾、前掲書、「日本野外彫刻史試論」
★17 京田良志『富山の石造美術』(巧玄出版、1976)p.35
★18 http://www.geocities.co.jp/SilkRoad-Ocean/8937/html/dousozin_sakumati4.htm 道祖神に詳しい研究家のホームページ。上記URL参照
★19 梅原猛監修『人間の美術1』(学研、1989)p.64
★20 田岡香逸『石造美術概説』(綜芸社、1968)p.92
★21 長島勝正・風間耕司『越中の彫刻── 祈りと美の系譜』(巧玄出版、1975)pp.212-214
★22 養田実・定塚武敏編『高岡銅器史』(桂書房、1988)pp.109-112
★23 北澤憲昭・田中修二編集『偉人の俤』(ゆまに書房、2009)p.50
★24 本岡三郎「序」『兼六園「明治紀念乃標」修理工事報告書』(石川県、1993)
★25 金子治夫『日本の銅像』(淡交社、2012)p.4
★26 「加越能の美術──石川・富山の美100選──」展(石川県立美術館、2011)
★27 金子、前掲書、p.5
★28 中村傳三郎「銅像その時代的背景」『明治の彫塑』(文彩社、1991)pp.109-112
★29 金子、前掲書、p.11
★30 「野外ギャラリー:公園Ⅱ③〈古武士〉」(北日本新聞夕刊、1988)4月25日
★31 松尾豊『大学美術教育学会誌 第21号』(大学美術教育学会、1989)pp.147-156

2-1 長野県佐久穂町の巨大石棒

2-2 奈良県橿原市吉備姫御陵の猿石

2-3 飛鳥地方：橿原市民家横の亀石

2-4 飛鳥地方：橿原市竹薮の酒船石

2-5 兵庫県加西市の御堂内〈古法華三尊石仏〉

2-6 奈良：東大寺大仏殿〈灯籠楽人〉

2-7 滋賀県栗東市〈如来三尊磨崖仏〉

2-8 富山県上市町〈日石寺磨崖仏〉

2-9 奈良市滝坂石仏群の〈朝日観音像〉

2-10 鎌倉市高徳院〈阿弥陀如来像〉

2-11 京都市龍安寺石庭の枯山水

2-12 信州安曇野地方の道祖神

2-13 富山市長慶寺〈五百羅漢像〉

2-14 小矢部市観音寺〈延命地蔵〉

2-15 高岡市海岸付近の〈海難救助祈願像〉

2-16 金沢市兼六園〈日本武尊像〉

2-17 島根県津和野町嘉楽園〈亀井茲監公頌徳碑〉

2-18 東京上野公園〈西郷隆盛像〉

2-19 富山県氷見市旭山公園〈古武士〉

2-20 高岡市有磯神社〈左大臣・右大臣〉

2-21 JR 渋谷駅前〈忠犬ハチ公〉

2-22 新潟県五泉市旧川内小学校〈忠犬タマ公の像〉

2-23 東京駅前日本工業倶楽部屋上のセメント像

2-24 現・富山駅前〈平和群像〉（ブロンズ化後に移設）

2-25 長岡市「平和の森公園」〈平和像〉（移設後）

2-26 本郷新記念札幌彫刻美術館〈わだつみの声〉

2-27 京都立命館大国際平和ミュージアム
〈わだつみ像〉

2-29 JR 新潟駅南口〈水の神殿〉（移設前）

2-28 新潟市新潟県民会館前〈みちびきの像〉

2-30 長野市「南千歳公園」〈道標・鳩〉

2-31 仙台市「青葉の森公園」〈牧歌〉

2-32 高岡市「末広坂小公園」〈ぎんぎんぎらぎら〉

2-33 高岡市御旅屋通り〈バックレス〉

2-34 宇部市野外彫刻美術館（常盤公園）〈蟻の城〉

2-35 箱根彫刻の森美術館〈横たわる像：アーチ状の足〉

2-36 広島県北広島町「たいどう彫刻村」風景

2-37 旭川市平和通「買物公園」〈若い女〉

2-38 神戸市「緑と彫刻の道」の〈弧への回帰〉

2-39 神戸市「花と緑の道」〈スペース・アイ〉

2-40 富山市「松川べり公園」〈対話〉

2-41 上越市高田公園「ブロンズプロムナード」風景

2-42 水戸市「ハミングロード」〈街角の詩〉

2-43 横浜市太尾堤緑道〈プリーズリクエスト〉

2-44 茨城県桜川市「石匠の道」〈変相〉

2-45 長岡市南蛮山「石彫の道」作品群

2-46 新潟市「碌塊苑」風景

2-47 高岡市「宝町公園」遊具彫刻

*写真は全て筆者が撮影したが、その後移設や撤去の可能性がある

野外彫刻展の歴史と到達点

PUBLIC ART

1. 野外彫刻展概説

戦後日本の野外彫刻展の歴史と到達点への論考だが、戦後とは、第2次世界大戦後の1945（昭和20）年以降を意味する。暮沢剛巳の言説のように野外彫刻＝パブリックアート＝アート（芸術）として取り扱うことが前提である。つまり、万人が当然のこととして認識している野外彫刻もパブリックアートもアート（芸術）の一形態に過ぎないという大前提の下で、アートは、本来がその出自からして社会性を共有するものであり、パブリックアートは社会化されたアートというより、社会性の強いアートと考えるからだ。

その認識に基づけば、日本彫刻史上最初の展覧会としての野外展（屋外展示）として現在確認可能な最古の記録は、戦前にまで遡る。1931（昭和6）年開催の**3-1「第五回朝倉塾彫塑展覧会」**で東京府美術館屋庭での28点の屋外の彫刻陳列であった。その図録口上に朝倉文夫は、「どうも大きな彫塑の場合は屋外が最もいいやうに思はれる。それは又人々の眼に触れる機会を多くつくることであり、やがて彫塑芸術が社会に理解される第一歩になるものである」★1と、彫塑芸術の社会的認知を第1の目的に挙げていた。以下、章末の《年表Ⅰ：野外彫刻展の歴史（日本）》★2に基づき、可能な限り10年単位の年代順に歴史をたどり、開催数に着目しながら、その展覧会の展開が、徐々に社会的存在としてアメリカ流のパブリックアートに転化していく過程を考察する。

2. 野外彫刻展の歴史的展開

1）1950年代（昭和25−34年）

1950年代はその数が少なく、50（昭和25）年11月の東京井の頭自然文化園での「林間彫刻展」が、武蔵野文化協会と日本彫刻家連盟の主催で開催を文献上確認できる戦後最初の野外彫刻展である。51年5−6月には、白色セメント普及のため小野田セメント後援の「第1回野外創作彫刻展」が、日比谷公園と井の頭自然文化園の両会場で開始された。主催は、東京都と日本彫刻家連盟だが、会派を問わず21人の戦後日本彫刻界を牽引した著名作家の出品であった。以降、正式名称も「白色セメントによる春の野外彫刻展」に変更したが、この51年は、春の創作野外彫刻展のみならず11月にも創作野外彫刻展が会場を日比谷公園のみに限定して開催★3されている。目的の第1には、白色セメントの普及が挙げられるが、その後の52・53年の第2回展及び第3回展は、大阪巡回展として中之島公園でも開催された。そのせいか関西に拠点を置いた松田尚之に至っては、東京の日比谷公園での野外展には出品せず、大阪巡回展のみに出品している。

地方都市での顕著な例は、**3-2「モニューマン展」**がある。高岡市古城公園内の現在の博物館前から射水神社に向かう本丸広場入り口近辺にかけて、高岡産業博覧会の一大企画として石膏像の野外展示会を実施している。1951（昭和26）年4月開催だが、目的に「博覧会会場の美観」を作ることや「富山県人作家の作品紹介」が列挙されている。富山県美術作家連盟と「北陽美術会」の尽力で、「命題」に基づき「美術館から本丸広場に進む途中壕端に沿う十八個の等身大石膏モニューマンを露天展示」の記録★4がある。18の命題で27人による制作参加と18点の石膏像展示の記録である。そこには富山県内では二紀会創設尽力者として知られる松村外次郎の外に、命題の〈農工商〉に基づき1人で3体の人物像を制作し、博覧会誌の出品者筆頭に名前を連ねた樽谷清太郎の存在があった。その他、京都府円山公園でも「行動美術野外彫刻展」が同51年に、翌52年には同じ京都府の京都国立博物館での彫刻と生花の同時展示を試みた「彫刻いけばな野外展」の開催記録もある。

富山県では、54年には「富山産業大博覧会野外彫塑展」★5が企画開催されている。高岡産業博覧会では石膏による等身大の制作が、富山市城址公園での野外彫刻展では、小野田セメント（後に白色セメント造形美術会）の後援により素材の白色セメント化が進行した。その背景には51年から日比谷公園内で継続の「野外創作彫刻展」の影響があった。3年前の高岡市古城公園内の「モニューマン展」では素材が石膏であったものが、3年後の富山市城址公園内の「野外彫塑展」では白色セメントという耐久性の強い素材に進化した。つまり、1951−53年の3年間に小野田セメント協賛による白色セメントの普及が地方都市にも拡散したことを意味し、その普及と郷土関係作家18人の作品紹介を目的にしていた。戦後まもなく様々な美術団体が設立されたが、富山県出身の樽谷清太郎は、東京都千代田区日比谷公園の52·53年及び55·56年の「野外創作彫刻展」では、唯一人無所属で出品し続けた塑像の造形力(塑造力)が高い貴重な存在だった。しかし、樽谷は「富山産業大博覧会野外彫塑展」の54年は、日比谷公園での春の野外展には出品せず、富山城址公園の「野外彫塑展」へ出品している。つまり、郷土富山県在住の彫刻家に対して、指導的立場で塑造力の向上と白色セメントの普及へ樽谷清太郎が尽力したことが判明する。高岡産業博覧会の「モニューマン展」同様に『富山産業大博覧会誌』の「野外彫塑」の項にも出品目録筆頭に作家名の掲載と展示作品〈キリン(噴水)〉を写した唯一枚の写真が掲載されていることでその貢献度が理解できる。

この東京都千代田区日比谷公園内を中心に展開した**3-3「春の創作野外彫刻展」第1回展:乗松巌〈自由の女神〉**は、文化史・産業史上、日本国内の白色セメントの普及に莫大な貢献をした。同時に戦後日本最初期の野外彫刻展をリードした「白色セメントによる春の野外彫刻展」として日本の現代彫刻史上にその名称を留めた。途中1967(昭和42)年には大阪万博への協力を兼ねた「千里野外彫刻展」を実行し、1969年には、「70年安保闘争」の影響等で場所を東京都神代植物園に移した。1972年は、晴海建築センターを会場に「建築とともにある彫刻展」のように開催形態も変遷させながらも、21年間で終焉を迎えた。しかしながら、日比谷の野外展は、白色セメントの普及以上に、「野外彫刻」や「野外彫塑」といわれる公共空間への彫刻展示の提案の一方で、後の「パブリックアート」といわれる芸術の価値への戦後最初の自問を刻印した意義を持つはずである。

その他、50年代野外展の最後の特記事項として「集団58野外彫刻展」★6を列挙しなければならない。場所は、当時の鶴岡八幡宮境内横手の県立鎌倉近代美術館だが、現在の神奈川県立近代美術館鎌倉館であり、美術館での野外彫刻展としては、戦後日本最初の企画展である。なおかつ西暦を著す数字58の実際は、1957年の年末12月1日から58年の4月30日までの開催を意味した。図録記録によれば、戦後日本の彫刻界をリードした若き彫刻家、柳原義達·向井良吉·建畠覚造ら10人の名前が確認される。その人選において戦前の美術団体幹部集団によるボス的評価や著名小説家や詩人等による翼賛的価値形成に対し、戦後の美術批評はそれを職業とする専門の美術評論家がリードすべきという土方定一による強い意思表示を意図したものではなかろうか。

2）1960年代（昭和35－44年）

60年早々の4月には恒例の春の野外創作彫刻展が10回目を迎えたが、同年の4月には地方でも活発な活動を継続していた富山県内若手彫刻家による野外彫刻展が、富山市城址公園で実施されたのは、特筆に値するだろう。「フォルム集団野外彫刻展」[★7]という野外展、22歳から39歳までの若手彫刻家が会派を問わず同じ場に集い「独自の言葉を作品に打ち出し新しい造形運動」を目指そうと企画された。所属会派は問わず、日展・自由美術協会・二紀会・二科会・モダンアート協会等から、17人による19点の作品展示であった。

全国的に注目点すべき野外彫刻展は、はやはり美術館中庭・前庭で戦後2回目開催の野外展「集団60野外彫刻展」[★8]である。土方構想が発展し「彫刻の彫刻のある街づくり」への進展が、「パブリックアート事業」への将来的展開へ接続する1つの契機になったのではなかろうか。その「集団60野外彫刻展」は、鎌倉の神奈川県立近代美術館では2回目の開催で、1960（昭和35）年6月1日から10月31日までのかなりの長丁場であった。

この土方の現代彫刻への思いと彫刻独自の空間的存在感の意義を提起した野外彫刻展構想を1961年に実現させたのが、「野外彫刻美術館」と命名の宇部市常盤公園での「第1回宇部市野外彫刻展」である。主催は宇部市と宇部市教育委員会であるが、そこに美術批評の土方と弦田平八郎、建築家の大高正人、彫刻家の向井良吉と柳原義達の5人がアドヴァイザー的立場として関わっている。出品作家は、建畠覚造、レオン・ターナーら14人の招待作家に向井と柳原が賛助出品という総計16人の参加であった。

一躍脚光を浴びて全国に発信した地方都市宇部には、他都市に先駆けた背景と思いがあった。石炭の粉塵による公害や戦争後遺症としての傷痕に加え、暴力団抗争による人心の荒廃に悩んでいた時期であった。その阻止のため宇部を花で飾る事業の継続が「花いっぱい運動」として展開され、その後の野外彫刻展へ連結するように「花と彫刻運動」へと変遷した。その結果が、日本初の全国公募の野外彫刻展開催となる。1963年9月1日から11月5

日までの「第1回全国彫刻コンクール応募展」である。毎日新聞社·宇部市·日本美術館企画協議会の主催、宇部興産株式会社の協賛で実施された。当然、常盤公園の野外彫刻美術館を会場に、招待作家8人とコンクール入選者23人の作品展示となった。そして1965（昭和40）年10月には、「彫刻のある街づくり」の先導役を果たすことになる中国地方の1都市宇部から、本格的な野外彫刻展の産声を上げる。鎌倉鶴岡八幡宮脇の近代美術館での実験や宇部市野外彫刻展や全国彫刻コンクール応募展の経験と彫刻界や美術評論家の期待を背に、後に「現代彫刻家の登竜門」といわれる「現代日本彫刻展」★9の第1回展である。宇部市野外彫刻美術館を会場にビエンナーレ方式で秋の1ヶ月程度の期間であったが、現在まで継続中の現代彫刻史上貴重な野外彫刻展の船出であった。初期の頃はテーマ設定も全国公募もなく、第4回展までは著名彫刻家の招待出品作のみの展示であった。テーマ設定は、69年の3回展から、コンクールによる全国公募は、73年の第5回展からの開始である。

さらに、宇部と同じく土方構想により野外彫刻展の作品設置で市内全域を彫刻で飾る「ミュージアム都市」構想を思案した神戸市も、宇部と隔年で「第1回神戸須磨離宮公園現代彫刻展」を実施した。「夜（光）と彫刻　風と彫刻　水と彫刻」のテーマの下で開催の1968年は、大賞の飯田善國の作品より公園の土を掘り返すことで関根伸夫の〈位相―大地〉が反響を呼び、現代美術史上の「もの派」宣言として今もって語り続けられている。60年代後半の69年8月からは、民間企業の野外彫刻美術館「箱根彫刻の森美術館」で国際公募の野外彫刻展が3ヶ月間に渡り開催になった。フジ・サンケイグループにより、後にヘンリー・ムーア大賞展に発展する「第1回現代国際彫刻展」である。

総じて60年代の特徴は、土方構想に影響を受けた野外展という新しい展示手法と大型野外展の出現による認知度アップに加えて、地方都市での分散的展開が指摘できる。後者の例では、前記60年の富山市城址公園での単発的「フォルム集団野外彫刻展」、63年から毎年開催でその回数を誇る「徳島彫刻集団野外彫刻展」の他、68年から大阪を舞台に開始の靭（うつぼ）公園での大阪彫刻家会議による「第1回花と彫刻展」や東京日比谷公園の創作野外彫刻展の大阪版である「第1回千里野外彫刻展」、及び京都を舞台の68年「第1回‘現代の造形’京都野外彫刻展」、69年の「第1回京都野外彫刻展」等の東京以外の代表地方都市への分散的開催等を列挙することができる。

3）1970年代（昭和45－54年）

1970年代の野外彫刻展の特徴は、大型野外彫刻展のテーマ化にみられる建築と都市空間、箱根彫刻の森にみられる自然空間と作品等のように、場と作品の調和やその存在感の探求等が真剣に議論された10年と考えられる。また、地方都市へのさらなる拡散化傾向は、60年代とは異質な個性的拡散化とでも言うべき傾向を示す。

順次個別に列挙すれば、70年3月に日本万国博覧会七曜広場で8人の現代作家の作品展示、9月には、神戸須磨離宮公園で宇部と交互に開催のビエンナーレ型野外展が2回目を迎える。71年7月からは、フジ・サンケイグループによる箱根彫刻の森での国際公募野外彫刻展「第2回現代国際彫刻展」が実施された。72年10月には、東京都中央区晴海の日本建築センターで「第1回建築とともにある彫刻展」が小野田セメントの後援で開催される。10人の具象形作家の作品展示であったが、建築物との共存を模索し、野外彫刻と場に対する可能性の実験的提案をするものであった。73年に第2回展が実施されたが、日比谷公園の「白色セメントによる春の野外彫刻展」が場所を替えながらも21年間の幕を閉じる最後の場が東京晴海の地であった。

他に73年には、6月に「第1回彫刻の森美術館大賞展」が箱根の森で、10月には「第5回現代日本彫刻展」が宇部市野外彫刻美術館で招待部門以外の全国公募のコンクール部門併設を開始した。つまり、この73年は、民間の箱根彫刻の森美術館と宇部市の宇部市野外彫刻美術館が、この分野の中心的リーダーの自覚を世間に宣言した年ともいえる。

70年代は、上記のような公募型全国展としての大型ビエンナーレ方式の野外彫刻展が人気を博した一方で、大分市の「第1回おおいた野外彫刻展」（1973年）や岐阜県大垣市の「第1回大垣市野外彫刻展」（1976年）、77年には香川県丸亀市で開催の「第1回丸亀野外彫刻展」、同年滋賀県野洲町で実施の「希望が丘野外彫刻展」等のように、地方都市での野外展でも60年代とは違う頻発的分散化傾向と個性化が最大の特徴であろう。

例えば、筆者在住の富山県に眼を転じても面白い企画が実施されていたことに気付く。77年4月と78年5月の3人のグループによる野外彫刻展である。「世眼展(せげん)」というグループ展だが、行動美術協会所属の岩城嘉信と谷口義人、自由美術協会所属の中谷唯一の3人による会派を問わない前衛的グループによる2回展・3回展である。第1回展は、富山県民会館内の室内彫刻展であったが、77年の「第2回世眼展」は富山県庁前公園での野外彫刻展であり、「第3回世眼展」は、富山城の外堀の中での水上彫刻展であった。77年の前者は、「世眼展(せげんてん)が野外に場を選んだことは、自然という作品の置かれる環境を逆手に利用して虚を際立たせること」「世間や常識の裏に巣食った嘘。人間の影の部分に、時代の流れに潜む嘘。」★[10]を引き出して白日の下に晒すことが主要な理由であった。後者の78年の第3回展は、浮力と様々な素材の可能性を試すかのように合板やビニールパイプや発泡スチロールなどを水上に浮かせていた。「浮力と動の調和」や「水面に映る緊張感、風による波立ち、水面に映る影」★[11]の関心をテーマ化した単なる実験展というより極めて個性的野外彫刻展であった。3人への取材と記録をたどった筆者には、単なる地方都市での実験以上に、戦前に朝倉文夫が彫刻の社会的認知を第1義に掲げた（昭和6年「第五回朝倉塾彫塑展覧会」）当時の屋外展示の主旨を積極的に進め、彫刻自身の持つ芸術としての可能性の探求と思った。また、地方都市でも複数の自覚的彫刻家が果敢に切り開こうとした自由意思の発露であり、何よりそれを許した活き活きとした時代背景の例証的存在として映った。

4）1980年代（昭和55－平成元年）

1980年代の野外彫刻展は、年表のようにその数がまるで弾けゆくバブル経済の泡のように、とりわけ後半に爆発的増加を示す点が最大の特徴である。並行して地方都市への分散的拡大のさらなる進展や「ヘンリー・ムーア大賞展」や「ロダン大賞展」（いずれもフジ・サンケイグループによる山間部の美術館開催）のように自然環境豊かな民間の私設野外美術館での国際的展覧会が、作品の質や出品者数も高まり、活況を呈したのも事実である。さらに、89年の「横浜彫刻展」や「足立区野外彫刻展」のように、公募当初から設置野外環境の決定通知や市民参加のテーマや投票による受賞作品決定が見られる野外彫刻展の登場は、パブリックアートの意味する「アートの公共性」が、企画を含む手法の公開性までも共有すべきとの認識を反映した貴重な先例として特筆される。つまり、これらの傾向は、良識ある自治体側のバブル経済時の公金使用方法への思案の反映を意味した。「街づくり」参加自治体の他都市との差異化を全国にアピールする一方で、公共空間や公金の活用に対して深い関心を持つ市町村や市民が増え、アートの価値に関する自らの意思表示を鮮明にする人々の増加をも意味した。従って、80年代後半の米国風「パブリックアート」用語の移入の有無やその浸透の深度に関わらず、一部ではあるが、すでに単なる野外彫刻からパブリックアートへの意識転換をもたらす自覚的市民の出現が確認され、その分岐点のようなエポック形成を印象付けたのが80年代の、とりわけその後半の野外彫刻展の大きな特性ということになる。

年度別に概観すれば、80年8月には箱根彫刻の森美術館での「第1回高村光太郎大賞展」（神奈川県箱根町、8－11月）と「第1回浜松野外美術展」（静岡県浜松市今切海岸、8月）等の開催があった。81年には「第1回びわこ現代彫刻展」（滋賀県守山市、3－5月）、「第2回ヘンリー・ムーア大賞展」（箱根彫刻の森美術館、7－10月）、「第1回金沢彫刻展」（金沢市SKYプラザ・犀川緑地公園、10－11月）、「第1回神戸新進彫刻家の道大賞展」（神戸市ポートアイランド、10月）を開催する。82年に入ると「第2回高村光太郎大賞展」（7－10月）、「第8回神戸須磨離宮公園現代彫刻展」（10－11月）、「長良川大賞野外彫刻展」（岐阜市県立美術館屋外展示場、11月－83年4月）、「第1回中日の森野外彫刻展」（愛知県内海フォレストパーク）が企画される。83年には、「東京野外彫刻展」の第1回展（東京都世田谷区砧公園、3－5月）、「第3回ヘンリー・ムーア大賞展」（箱根から長野県武石村美ヶ原高原美術館に開催場所を変更、7－10月）、「第10回現代日本彫刻展」（宇部市野外彫刻美術館、10－11月）、「神戸具象彫刻 '83」（神戸市ポートアイランド南公園、10－11月）等の著名野外展の他、「徳島彫刻集団野外彫刻展」「京都野外彫刻展」「大垣市野外彫刻展」等が回を重ねる。84年に入ると、新規参入の「第1回大宮野外彫刻展」（大宮市市民の森、2月）、「宮野運動公園野外彫刻展」（富山県黒部市、5月）、「'84浄心緑道彫刻展」（愛知県名古屋市、6月－85年3月）、「OYAMA―彫刻のある街へ展」（栃木県小山市、9月）が企画開催された。著名彫刻展では、「第3回高村光太郎大賞展」（9－10月）、「第9回神戸須磨離宮公園現代彫刻展」が実施される。

85年に推移すると、著名な「神戸具象彫刻大賞展'85」「ヘンリー・ムーア大賞展」「第11回現代日本彫刻展」の他、新規の「第1回宇治野外彫刻展」（宇治市文化会館）、「国営昭和記念公園野外彫刻展」（立川市国営昭和公園）の第1回展等の記録がある。86年には、後に「横浜彫刻展」に発展する「みなとみらい21彫刻展ヨコハマビエンナーレ'86」（横浜市日本丸メモリアルパーク、3–5月）、「第2回東京野外彫刻展」（世田谷区砧公園、3–5月）、「第2回国営昭和記念公園野外彫刻展」（立川市、4－11月）、「第1回ロダン大賞展」（美ヶ原高原美術館、7－10月）、「第10回神戸須磨離宮公園現代彫刻展」（10－11月）等が注目を浴びた野外展であった。87年は、単発だが必然的背景を持つ「丹沢野外彫刻展」（神奈川県と秦野市共催、9－11月）、新企画の**3-4「倉敷まちかどの彫刻展」（第1回展11月）**や著名展「現代日本彫刻展」（12回、10－11月）、「神戸具象彫刻大賞展'87」（4回、10－11月）等が実施になる。88年には、「第1回石のさとフェスティバル・石の彫刻コンクール」（香川県庵治町、5–6月）、「青森EXPO'88記念現代野外彫刻展」（青森市合浦公園、9－11月）等の注目展が加わる。89年に入ると、これまでの人気野外展「国営昭和記念公園野外彫刻展」（第5回）、「ヘンリー・ムーア大賞展」（第6回）、「東京野外彫刻展」（第3回）、「神戸具象彫刻大賞展'89」（第5回）、「現代日本彫刻展」（第13回）の他、市民参加型を模索し第2回展より「足立区野外彫刻展」に発展する「第1回足立区野外彫刻のまちギャラリー」や第1回展の当初より設置空間決定済みの公募展「横浜彫刻展'89」等が列挙できる。開催展覧会名を並べただけでもその数が頂点を極めてゆくのが判明する。

5）1990年代（平成2－13年）

90年代の野外展の特徴にもいくつかの傾向がある。初期における「五木の子守唄彫刻展」（熊本県五木村、90年）、「葛塚南線野外彫刻祭」（新潟県豊栄町、90年）、91年開始の**3-5「加茂山彫刻展」（新潟県加茂市）**、「神通峡美術展」（富山県大沢野町、92年に平成の大合併で富山市に合流）等に見られるように地方の小都市に至るまでへのさらなる分散化の進展が1つの傾向である。また、80年代後半から続く**3-6「足立区野外彫刻展」**や**3-7「横浜彫刻展」**にみられる市民参加型手法の認知、及び80年代後半開始の**3-8「丹沢野外彫刻展」**や90年の「小田原城野外彫刻展」のようにトリエンナーレ型で都道府県と開催自治体の共催による神奈川方式等が、その壮大で実験的な企画により注目されたのも90年代のもう1つの特徴であろう。加えて、データ上も判別可能なように、90年代全体を通じた野外彫刻展数の激減化傾向が、大きな特徴である。前半の頭打ち傾向から中・後半、とりわけ阪神大震災以降の96年辺りから明白な減少に転じて行く点は、バブル経済の実態の露見と廃止の決断が呼応した明快な現象と思えた。

その一方で、自覚的な彫刻家による新しい野外彫刻展の登場も特筆しなければならない。96年開始の**3-9「雨引きの里と彫刻」（第1回展）**である。単なる経済効率や都市信仰に警鐘を鳴らし、地域性や地方性の中に見出せる独自な資源をその豊かな文化の中に見出し、重層的に地域文化の育成を現代彫刻で発信する企画であった。初回は、茨城県大和・岩瀬近辺の真壁産御影石を石彫家中心の8人の出品による船出であった。農家の庭先・神社の境内・廃線の駅近辺なども含め、毎回会場を移動しながら、さらには春夏秋冬の季節の移ろいも含めた地域や文化を問い続け、多様化を見せてきた現代彫刻家有志による貴重な野外彫刻展である。90年代には3回実施し、2013年9月には9回を数えた。理念的賛同者や理解ある地域協働者の増加で、優れた文化と芸術の価値を人間生活の中で問い続けている野外彫刻展の自信に満ちた誕生・進化・継続を思わせる新企画である。

これらの特徴的傾向を踏まえ、90年代を時系列で列挙すれば以下のようになる。90年は、3月−5月には「第1回甲府まちなかの彫刻展」（審査員長金属造形作家蓮田修吾郎）、4−9月「ABC国際環境造形コンクール」（大阪府鶴見緑地）、4−12月「第6回国営昭和記念公園野外彫刻展」、7−12月「第3回ロダン大賞展」、7−8月「第28回徳島彫刻集団野外彫刻展」、8月「葛塚南線野外彫刻祭」（旧豊栄町＝現新潟市北区）、10月には「五木の子守唄に伴う彫刻コンクール」、10−11月は「小田原城野外彫刻展」、「路上美術館」（第2回、池袋東口グリーン大通り）、「第4回黒部野外彫刻展」（黒部市宮野運動公園）、11月には「東海村ふれあいロード彫刻展」（テーマ：暮らしの中の美術館、東海村ふれあいの森周辺)、「第2回足立区野外彫刻コンクール」(足立区、足立区教育委員会、まちづくり公社共催、マケット(模型)審査の結果を91年中に「第2回足立区野外彫刻展」として元淵江公園で公開)の特徴的野外展の他に7件加えて、この1年間だけでも19回は確認可能である。

91年も資料を羅列してみただけでも、19回を記録する。「第2回甲府まちなかの彫刻展」(2–3月)、「大阪中之島緑道彫刻コンクール」(大阪市中之島緑道)、「第7回国営昭和記念公園野外彫刻展」、「第2回石のさとフェスティバル・石の彫刻コンクール展」、「第7回ヘンリー・ムーア大賞展」、「第29回徳島彫刻家集団野外彫刻展」、「野外の表現展」(浦和市北浦和公園)、「第6回神戸具象大賞展」、「雪椿の里・加茂山彫刻展」(新潟県加茂市)、「第23回京都野外彫刻展」、**3-10「第14回現代日本彫刻展」**、「横浜彫刻展'91」、「第5回黒部野外彫刻展」(2校の中学校参加)、「第2回子守歌の里・五木彫刻コンクール」、「第3回甲府市まちなかの彫刻展」(11月開催の年間2回目)、「第1回東京道玄坂野外彫刻展」、「第3回足立区野外彫刻展」、「ラブロード50・石の彫刻コンクール」(茨城県岩瀬町)、「第4回ふっさ環境彫刻コンクール」のようにかなりの数になる。

92年は、新規の企画として「第1回木内克大賞野外彫刻展」(茨城県東海村)、「盛岡中央通り彫刻展」(岩手県盛岡市)、「半田市野外彫刻展」(愛知県半田市)、「第1回街と彫刻展」(沖縄県那覇市)等を列挙できる。長期継続展としては、「第21回丸の内中通り彫刻展」、「第23回花と彫刻展」、「第30回徳島彫刻家集団野外彫刻展」等があり、著名彫刻展は、「第8回国営昭和記念公園野外彫刻展」、「第4回ロダン大賞展」、「第13回神戸須磨離宮公園現代彫刻展」等があり、総計21回を数える。

93・94・95・96年の中期は、93年は22回、94年は18回、95年は23回と凸凹を示すが、96年からは14回、97年9回と明確な減少傾向に転じる。但し、90年代中期からは、野外展の数や傾向の変容が鮮明になってくる。

96年は「第1回雨引きの里と彫刻」が加わるが、97年は、その数は激減して9件にしか上らない。「第4回倉敷まちかどの彫刻展」(倉敷芸文館北広場)、「第7回芸術祭典・京『京を創る』」(京都市琵琶湖疎水)、「朝来1997野外彫刻展IN多々良木」(兵庫県朝来町中央公民館)、「第35回徳島彫刻集団野外彫刻展」（徳島市）、「第17回現代日本彫刻展」（宇部市野外彫刻美術館）、「第12回国民文化祭・かがわ '97石彫展」（香川県牟礼町石匠の里公園）、「第28回花と彫刻展」（大阪市靭公園）、「トリエンナーレ公募神通峡美術展」（初回は、中部7県主催の2部門公募で、立体は富山県大沢野町猿倉森林公園）、そして「第2回雨引きの里と彫刻」の9件のみである。98年では、「第3回木内克大賞野外彫刻展」（茨城県東海村阿漕ヶ浦公園）、「朝来(あさご)1998野外彫刻展IN多々良木」（兵庫県朝来町）、「みちの造形展・1st memorials」（神奈川県相模原市市役所前通り）、「第36回徳島彫刻集団野外彫刻展」（徳島市）、「第29回花と彫刻展」（大阪市）、「第9回足立区野外彫刻展」（東京都足立区）の6件のみである。90年代最後の99年では、「倉敷まちかどの彫刻展」、「第37回徳島彫刻集団野外彫刻展」（徳島市）、「小平野外彫刻展」（小平市武蔵野美術大学）、「第10回足立区野外彫刻展」（最終回）、「朝来1999野外彫刻展IN　多々良木」、「第30回花と彫刻展」、「第18回現代日本彫刻展」、「第3回雨引きの里と彫刻」の8件のみである。

バブル経済の終焉や95年の阪神淡路大震災の影響が決定的であり、99年のみ開催の限定数だが、筆者確認可の野外展で、現在も継続中の野外彫刻展は、宇部の「現代日本彫刻展」と徳島の「徳島彫刻集団野外彫刻展」、大阪の「花と彫刻展」、及び茨城県桜川市の「第3回雨引きの里と彫刻」の4件のみで、急激な転換を数値が如実に示す結果になった。

6）2000（平成12）年以降

年表上の表記はないが、20世紀最後の2000年から21世紀最初の2001年以降は、1996年以降の傾向をさらに加速させた。ただ、2000年も10余年経過した2013年12月現在では、筆者が確認できた2000年までの年表登場の野外彫刻展は少ない。現在も継続中の展覧会として富山市合併後も猿倉森林公園で開催の**3-11「トリエンナーレ公募神通峡美術展2012」**、日本の野外彫刻展をリードし、2009年から「UBEビエンナーレ」と称される第25回「現代日本彫刻展」、そして1963年以来毎年開催で全国最長記録更新中の**3-12「第51回徳島彫刻集団野外彫刻展」（2013年**

10月)、同様に毎年開催の大阪彫刻会議主催の「第44回花と彫刻展」、及び96年に反旗を翻すように登場した「雨引きの里2013」の5件のみである。

3. 野外彫刻展の果たした役割

総じて、戦後実施の野外彫刻展を概観すれば、出発当初は白色セメントの普及と彫刻芸術の社会的認知の強化の意味合いが強かったと思える。回数を重ねるごとに彫刻の持つ存在感や設置空間を含む場への新しい関わり方や様々な新素材による表現の幅の拡張的相乗が加わり、その複合が、彫刻自身の本来の有様を模索させてきた面がある。そこに、彫刻や野外の造形物が公共空間へ関わることの意味が、芸術と人間の生活、及び人間間のコミュニケーションの有様を問い直す美学上の問題提起が投げかけられ、一応の結論に達したのが現在の到達点である。また、今後も継続の意味があるとすれば、作品のみならず企画も含め、それを資源や文化としてとらえざるを得ない。その理由の解明も、野外彫刻展の美学・美術史上の学術的貢献への役割である。

さらに、野外彫刻展による作品収集で「彫刻のある街づくり」から「パブリックアート」事業に移行してゆくわけだが、70年代に入り、自治体の作品収集過程で野外彫刻展と同時進行的に2つの形態が加わることを、この段階で強調する必要がある。その1つは、旭川市の「中原悌二郎賞」、長野市の「長野市野外彫刻賞」、仙台市の「杜と彫刻」事業等にみられる彫刻取得方法の出現で、展示会に注目するより場と作品の調和を最重視する視点である。2つ目は、「郡上八幡青年彫刻家シンポジウム」「天竜彫刻村」「小豆島彫刻シンポジウム'72」「岩手町国際彫刻シンポジウム」「八王子彫刻シンポジウム」等の彫刻シンポジウム型取得形態で、作家と作家、及び作家と自治体や一般市民と繋がることでコミュニケーションの場を提供し、理解を深めることを狙いとする形態の登場と言える。

従って、先発の野外彫刻展が後発の彫刻取得形態の2形態と相乗する方向性を導き出したことも、野外彫刻展の果たした役割の重要な1つである。

換言すれば、戦後まもなく開始の野外彫刻展が、欧米移入の「パブリックアート」への模索や神奈川県に見られる1%システム導入の波が押し寄せた流れとは別ルートで存在し、戦後史の日本的展開の中で、世界情勢や開催地の地域状況が複合しながらも独自の進展を示した。「90年代のバブル経済の終焉」や「失われた20年」に見られる社会的・経済的・文化的状況を乗り越えてまで、「彫刻のある街づくり」の作品が、場や地域への芸術文化としての価値の認識を深め、作品の文化資源化や地域の観光資源化や文化政策形成への重要な役割を果たした。この点に「街づくり」を通じ行政側に示した野外彫刻展の先進性の意義が見出せる。

加えるなら、野外彫刻展や彫刻シンポジウム、及び「彫刻のある街づくり」等の名称や形態に相違があったにせよ、アートの総合的な可能性を示す「アートプロジェクト」に接続したことは、その背景に厳然と存在するアーティストやそこに関係する研究者との協働的、あるいは共同的コミュニケーションが成立していたからである。つまり、そこに芸術の持つ本質を共創的に自問し続けた芸術家と研究者の存在があった。その芸術の価値への原初的自問が、本質回帰の現象を生み出したと同時に、学問的な新設領域の創設も野外彫刻展が果たした重要な役割の1つといえる。

《注及び参考文献》

★1　朝倉文夫『第5回朝倉塾彫塑展覧会』、図録「口上」(1931、下山葉山堂)
★2　松尾豊「野外彫刻展の歴史──全国傾向と富山県の場合──」『第30回大学美術教育学会研究発表概要集』(1991、大学美術教育学会)と三重県津市で開催の第30回研究発大会で配布の「《《野外彫刻展の歴史(日本)》》第30回大学美術教育学会研究発表資料(1991年11月19日)」以降、2013年12月末迄に収集した資料に基づく年表
★3　『昭和の美術　第3巻』の巻末年表「彫刻」(1990、毎日新聞社)pp.184-187
★4　『高岡産業博覧会誌』(1951、高岡市)pp.613-614
★5　『富山産業大博覧会誌』(1954、富山県)pp.850-851
★6　神奈川県立美術館、『神奈川県立近代美術館30年の歩み　資料・展覧会総目録』(1982)pp.54-55
★7　「若い世代の訴え」(1960年4月24日)北日本新聞朝刊
★8　前掲書、『神奈川県立近代美術館30年の歩み　資料・展覧会総目録』pp.71-72
★9　出典不明「風土と美術　宇部市野外彫刻美術館の歩み」(1991、宇部市公園緑地課)、及び弦田平八郎「宇部の野外彫刻30年の歩み」『宇部の彫刻』(1993、宇部市)pp.8-12
★10　津山昌「自然の中の虚飾──世眼展野外彫刻から」(1977年5月3日)北日本新聞朝刊
★11　「水面に浮かぶ“造形”」(1978年4月30日)北日本新聞朝刊

3-1「第五回朝倉塾彫塑展覧会」（東京文化財研究所提供）

3-2「モニューマン展」（高岡市立博物館所蔵）

＊3-1、3-2 以外の写真は全て筆者が撮影したが、その後移設や撤去の可能性がある

3-3「春の創作野外彫刻展」乗松巌〈自由の女神〉

3-4「倉敷まちかどの彫刻展」寺田武弘〈ストン！〉

3-5「加茂山彫刻展」藤巻秀正〈森の詩〉

3-6「足立区野外彫刻展」市村緑郎〈(流れる)雲〉

3-7「89'横浜彫刻展」鈴木明〈ヨコハマ・トライアングル〉

3-8「丹沢野外彫刻展」秦野公園風景

3-9「第１回雨引きの里と彫刻」設置作品風景

3-10「第14回現代日本彫刻展」土屋公男〈底流〉

3-11「2012 神通峡美術展」猿倉森林公園風景

3-12「第51回徳島野外彫刻展」徳島彫刻公園風景

《年表I：野外彫刻展の歴史（日本）》

開催年（月）	野外彫刻展（示）名	場所	備考

1950年代

開催年（月）	野外彫刻展（示）名	場所	備考
1950年11月	第1回林間彫刻展	東京都　井の頭公園	後援小野田セメント
1951年4月	高岡産業博覧会「モニューマン展」	古城公園美術館前通堀端から芸術の森へ	高岡市産業博覧会で石膏像を露天展示
1951年5-6月	第1回野外創作彫刻展	東京都　日比谷公園&井の頭自然文化園	第1回展は、2箇所で開催
1951年11月	秋の野外創作彫刻展	東京都日比谷公園	建畠覚造ら出品
1951年11月	行動美術野外彫刻展	京都市　円山公園	
1952年5月	白色セメントによる春の野外彫刻展（＝第2回野外創作彫刻展）	日比谷公園（場所と名称を変えながらも21年間継続）	52年より「白色セメントによる春の野外彫刻展」に名称変更
1952年11月	彫刻・いけばな野外彫刻展	京都市京都国立博物館	
1953年4-5月	野外創作彫刻展	日比谷公園	大阪で巡回展あり
1954年4月	野外創作彫刻展	日比谷公園	樽谷清太郎出品せず
1954年4月	富山産業大博覧会「野外彫塑展」	富山市城址公園	富山産業大博覧会で白色セメントの制作
1955年	野外創作彫刻展	日比谷公園	21人出品
1956年	野外創作彫刻展	日比谷公園	15人出品
1957年	野外創作彫刻展	日比谷公園	16人出品
1957年12月-58年4月30日	集団58野外彫刻展	神奈川県鎌倉市 県立鎌倉近代美術館	建畠覚造・向井良吉・柳原義達ら9人選抜
1958年4月	野外創作彫刻展	日比谷公園	
1959年4-5月	野外創作彫刻展	日比谷公園	
1959年4月	枚方パーク野外彫刻展	大阪府枚方市枚方パーク	富樫実らが出品

1960年代

開催年（月）	野外彫刻展（示）名	場所	備考
1960年	野外創作彫刻展	日比谷公園	10回目
1960年4月	フォルム集団野外彫刻展	富山市城址公園	若手彫刻家17人

開催年(月)	野外彫刻展(示)名	場所	備考
1960年 6月-10月31日	集団60野外彫刻展	鎌倉市　神奈川県立鎌倉近代美術館	阿井・昆野・建畠・向井ら9人の選抜展
1961年4月	野外創作彫刻展	日比谷公園	
1961年7月18-9月17日	第1回宇部市野外彫刻展	山口県宇部市常葉公園野外彫刻美術館	土方定一の構想
1961年	第1回創型野外展	東京都上野公園緑地	「創型会」の10回展
1962年	野外創作彫刻展	日比谷公園	
1962年	第2回創型野外展	上野公園緑地帯	村井辰夫らが出品
1963年3月	宝塚21世紀博覧会野外彫刻展	兵庫県宝塚市 宝塚パーク	富樫実らが出品
1963年4月	野外創作彫刻展	日比谷公園	
1963年 5月1-15日	第1回徳島彫刻集団野外彫刻展	徳島市徳島中央公園	以降毎年開催、(2013年継続中=51回展)
1963年 9月10-11月5日	第1回全国彫刻コンクール応募展	山口県宇部市 野外彫刻美術館	宇部市・日本美術館協議会・毎日新聞主催
1964年4月	野外創作彫刻展	日比谷公園	
1964年 10月3-11月8日	井の頭自然文化園彫刻会館記念野外彫刻展	東京都井の頭公園	
1964年	東京オリンピック記念創型会野外展	東京都台東区上野公園緑地帯	
1964年 4月29-5月9日	第2回徳島彫刻集団野外彫刻展	徳島市徳島中央公園	徳島彫刻集団主催:2回展
1965年4月	野外創作彫刻展	日比谷公園	
1965年4月	徳島彫刻集団野外彫刻展	徳島中央公園	第3回展:移動展あり
1965年 10月1日-31日	第1回現代日本彫刻展	宇部市野外彫刻美術館	土方定一審査委員長、大賞:江口週
1966年4月	野外創作彫刻展	日比谷公園	
1966年6月	徳島彫刻集団野外彫刻展	徳島中央公園	第4回展
1967年4月	第1回千里野外彫刻展	大阪府吹田市南千里公園	日比谷公園の大阪版
1967年 5月8-6月21日	徳島彫刻集団野外彫刻展	徳島市徳島中央公園	第5回展=会期を大幅延長
1967年10月1-11月5日	第2回現代日本彫刻展	宇部市野外彫刻美術館	土方・岩城次郎・中村伝三郎らが審査
1968年5月	野外創作彫刻展	東京都日比谷公園	

1968年5月	徳島彫刻集団野外彫刻展	徳島中央公園	6回展
1968年10月20-11月10日	第1回花と彫刻展	大阪市うつぼ公園	大阪彫刻家会議=2013年現在継続中
1968年10月1-30日	第1回'現代造形'京都野外彫刻展	京都市岡崎公園	京都野外彫刻展実行委員会、京都新聞社
1968年10月15-11月10日	第1回神戸須磨離宮公園現代彫刻展	神戸市須磨離宮公園	朝日新聞社賞：関根伸夫〈位相——大地〉
1969年4月	野外創作彫刻展	東京都　神代植物園	峯田義郎ら出品
1969年6月16-7月6日	徳島彫刻集団野外彫刻展	徳島市藍場浜公園	7回展=テーマ化「色と動き」、場所の移動
1969年8月1-10月31日	第1回現代国際彫刻展	神奈川県箱根町　箱根彫刻の森美術館	土方・河北・高階秀爾、中原佑介の4人審査
1969年10月1-11月10日	第3回現代日本彫刻展	宇部市野外彫刻美術館	テーマ化「三つの素材による現代彫刻」
1969年10月	第1回京都野外彫刻展	京都市府立植物園	京都府主催
1969年10月	第2回花と彫刻展	大阪市うつぼ公園	大阪彫刻家会議
1969年10月25-11月20日	第2回'現代の造形'野外造形'69	京都市鴨川公園	実行委員会・京都新聞社主催
1969年	名古屋野外彫刻展	名古屋市白川公園	庄司達ら出品

1970年代

1970年3月16-9月3日	大阪万博野外彫刻展（万博プレイヴェント）	大阪府吹田市　日本万国博覧会七曜広場	高松次郎・山口勝弘・三木富雄ら8人出品
1970年4月	野外創作彫刻展	千代田区北の丸公園	70年安保で会場移動
1970年5月-	徳島彫刻集団野外彫刻展	徳島中央公園	8回展
1970年4月1-5月31日	現代美術野外フェスティバル	神奈川県横浜市　横浜こどもの国	自主企画
1970年9月1-10月18日	第2回神戸須磨離宮公園現代彫刻展	神戸市須磨離宮公園	神戸市・朝日新聞社・日本美術館企画協議会主催、テーマ昼と夜
1970年10月	第3回花と彫刻展	大阪市うつぼ公園	大阪彫刻家会議
1970年10月25-11月15日	第2回京都野外彫刻展	京都市府立植物園	笹山幸徳・小谷謙・番匠宇司・村上丙ら出品

開催年(月)	野外彫刻展(示)名	場所	備考
1971年4月	野外創作彫刻展	千代田区北の丸公園	浦山一雄・竹田光行
1971年6月	徳島彫刻集団野外彫刻展	徳島中央公園	9回展
1971年7月1日-11月30日	第2回現代国際彫刻展	箱根彫刻の森美術館	主催:サンケイ新聞・フジテレビ・文化放送等
1971年10月	第4回花と彫刻展	大阪市うつぼ公園	大阪彫刻家会議
1971年10月	第3回京都野外彫刻展	府立植物園	
1972年5月21-6月4日	徳島彫刻集団野外彫刻展	徳島市徳島中央公園	10回展
1972年9月10日-10月22日	第3回神戸須磨離宮公園現代彫刻展	須磨離宮公園	
1972年10月	第1回建築とともにある彫刻展	東京都中央区晴海・日本建築センター	主催:白色セメント造形美術会
1972年10月	第5回花と彫刻展	大阪市うつぼ公園	大阪彫刻家会議
1973年5月-	徳島彫刻集団野外彫刻展	徳島中央公園	11回展
1973年6月3-11月30日	第1回箱根彫刻の森美術館大賞展	神奈川県箱根町　箱根彫刻の森美術館	フジ・サンケイグループ主催
1973年10月1日-11月10日	第5回現代日本彫刻展	宇部市　野外彫刻美術館	テーマ:色と形
1973年10月	第2回建築とともにある彫刻展=「白色セメントによる春の野外彫刻展」	東京都　晴海・日本建築センター	場所や季節を替えた白色セメント普及活動の最終回
1973年	第1回おおいた野外彫刻展	大分県別府市的が浜公園	大分野外彫刻企画委員会
1974年5月-	徳島彫刻集団野外彫刻展	徳島中央公園	12回展
1974年9月28-11月10日	第4回神戸須磨離宮公園現代彫刻展	須磨離宮公園	課題場所:六甲山牧場・新神戸駅前など
1974年10月	第6回京都野外彫刻展	京都市府立植物園	
1974年11月9-28日	第6回花と彫刻展	大阪市天王寺公園	大阪彫刻家会議、出品者・出品数39人39点
1974年	第2回おおいた野外彫刻展	別府的が浜公園	

1975年5月25-6月8日	徳島彫刻集団野外彫刻展	徳島市徳島中央公園	13回展
1975年5月1-31日	長等公園野外彫刻展	滋賀県大津市長等公園	滋賀県造形集団
1975年6月1日-11月30日	第2回彫刻の森美術館大賞展	箱根彫刻の森美術館	大賞:伊藤隆道〈まわる曲線のリング〉
1975年10月1-11月10日	第6回現代日本彫刻展	宇部市野外彫刻美術館	テーマ:彫刻のモニュマン性
1975年10月	第7回京都野外彫刻展	府立植物園	
1975年10月	第7回花と彫刻展	大阪市うつぼ公園	大阪彫刻家会議
1975年	おおいた野外彫刻展	別府市的が浜公園	第3回展
1976年5月-	徳島彫刻集団野外彫刻展	徳島中央公園	14回展
1976年10月1-11月10日	第5回神戸須磨離宮公園現代彫刻展	須磨離宮公園	テーマ:都市公園への提案
1976年10月	第8回京都野外彫刻展	府立植物園	
1976年10月	第8回花と彫刻展	大阪市うつぼ公園	大阪彫刻家会議
1976年11月	第1回大垣市野外彫刻展	岐阜県大垣市文化会館南側庭園	
1976年	豊公園野外彫刻展	滋賀県長浜市豊公園	滋賀県造形集団
1976年	第4回おおいた野外彫刻展	大分駅前広場、遊歩公園	的が浜公園から駅前広場などに会場変更
1977年	希望が丘公園野外彫刻展	滋賀県野州町	
1977年4月1-10日	渋谷公園通り野外彫刻展	渋谷公園通り、パルコ前	小田襄・重村三雄など
1977年5月1-21日	徳島彫刻集団野外彫刻展	徳島市徳島中央公園	15周年記念展=テーマ「環境と彫刻」
1977年5月	第2回世眼展	富山市県庁前公園	谷口義人らの3人展
1977年6月5-11月30	第3回彫刻の森美術館大賞展	箱根彫刻の森美術館	大賞:清水九兵衛〈Affinityの継続〉
1977年7月	第6回丸の内仲通彫刻展	千代田区仲通り	三菱地所
1977年10月1-11月10日	第7回現代日本彫刻展	宇部市野外彫刻美術館	テーマ:現代彫刻の具象と抽象と
1977年10月	第2回大垣市野外彫刻展	大垣市文化会館庭園	
1977年10月	第1回丸亀野外彫刻展	香川県亀市民広場	

開催年(月)	野外彫刻展(示)名	場所	備考
1977年10月	第9回京都野外彫刻展	府立植物園	
1977年10月	第9回花と彫刻展	大阪市うつぼ公園	大阪彫刻家会議
1978年5月	徳島彫刻集団野外彫刻展	徳島中央公園	16回展
1978年5月	第3回世眼展	富山市城址公園外堀	3人の水上彫刻展=岩城嘉信・谷口・中谷
1978年9月1-30日	1978現代九州彫刻展	福岡県久留米市石橋文化センター	久留米市・九州文化協会・西日本新聞社
1978年10月1-11月11日	第6回神戸須磨離宮公園現代彫刻展	須磨離宮公園	大賞:山口牧生
1978年10月29-11月12日	'78所沢野外美術展	埼玉県所沢市　所沢航空記念講演	第1回展=出品:戸谷成生・遠藤利克ら
1978年10月	第3回大垣市野外彫刻展	大垣市文化会館	市、大垣市教育委員会
1978年10月	第10回花と彫刻展	大阪市うつぼ公園	大阪彫刻家会議
1978年10月	第10回京都野外彫刻展	府立植物園	
1979年5月-	徳島彫刻集団野外彫刻展	徳島中央公園	17回展
1979年8月1日-11月30日	第1回ヘンリー・ムーア大賞展	箱根彫刻の森美術館	ヘンリー・ムーア大賞:多田美波
1979年10月1-11月10日	第8回現代日本彫刻展	宇部市野外彫刻美術館	テーマ:彫刻の中のポエジー
1979年10月	第4回大垣市野外彫刻展	大垣市文化会館庭園	空想のモニュメント
1979年10月	第11回花と彫刻展	大阪市うつぼ公園	
1979年10月	第11回京都野外彫刻展	府立植物園	

1980年代

開催年(月)	野外彫刻展(示)名	場所	備考
1980年5月	徳島彫刻集団野外彫刻展	徳島中央公園	18回展
1980年8月2-11月30日	第1回高村光太郎大賞展	箱根彫刻の森美術館	大賞:レグ・バトラー
1980年8月	第1回浜松野外美術展	浜松市今切海岸	

1980年10月1-11月10日	第7回神戸須磨離宮現代彫刻展	須磨離宮公園	テーマ:都市景観の中の彫刻
1980年10月	第12回花と彫刻展	大阪市うつぼ公園	
1980年10月	第5回大垣市野外彫刻展	大垣市文化会館	
1980年11月	第9回丸の内仲通彫刻展	千代田区丸の内	
1980年	'80所沢野外美術展	所沢航空記念講演	第2回展
1980年	五島美術館野外彫刻展	東京都五島美術館	
1980年	第12回京都野外彫刻展	京都府	
1981年5月	徳島彫刻集団野外彫刻展	徳島(中央)公園	19回展
1981年3月25-5月5日	第1回びわこ現代彫刻展	滋賀県守山市第2なぎさ公園	
1981年7月4-10月31日	第2回ヘンリー・ムーア大賞展	箱根彫刻の森美術館	フジ・サンケイグループ
1981年10月1-11月10日	第9回現代日本彫刻展	宇部市野外彫刻美術館	
1981年10月	第1回神戸新進彫刻家の道大賞展	神戸市ポートアイランド	後の神戸具象大賞展
1981年10月	第13回花と彫刻展	大阪市うつぼ公園	
1981年10月30-11月11日	第1回金沢彫刻展—α et Ω	石川県金沢市SKYプラザ、最川緑地公園、	金沢美術工芸大学彫刻科有志:運営委員会
1981年10月	第6回大垣市野外彫刻展	大垣市文化会館庭園	
1981年11月	第13回京都野外彫刻展	京都府田辺町都市公園	開催場所を移動
1981年	'81所沢野外美術展	所沢市航空記念公園	第3回
1982年5月	徳島彫刻集団野外彫刻展	徳島中央公園	20周年記念展
1982年7月3-10月31日	第2回高村光太郎大賞展	箱根彫刻の森美術館	高村光太郎大賞:外岡秀樹〈望郷〉
1982年7月	第11回丸の内仲通彫刻	千代田区丸の内仲通	
1982年10月1-11月1日	第8回神戸須磨離宮公園現代彫刻展	神戸市須磨離宮公園	大賞(神戸市長賞):小林陸一郎
1982年10月	第14回花と彫刻展	大阪市うつぼ公園	
1982年10月29-11月10日	第2回金沢彫刻展	金沢市SKYプラザ、犀川緑地公園	テーマ:都市への提案・空間への提示

開催年（月）	野外彫刻展（示）名	場所	備考
1982年10月	第7回大垣市野外彫刻展	大垣市文化会館	
1982年10月	第14回京都野外彫刻展	府立植物園	
1982年11月10-1983年4月	長良川大賞野外彫刻展	岐阜市岐阜県立美術館野外彫刻展示場	出品:大成浩·高橋清·丸山映ら11人
1982年	第1回中日の森野外彫刻展	愛知県内海フォーレストパーク	中日の森彫刻シンポジウムから推移
1982年	'82所沢野外美術展	所沢市航空記念公園	第4回
1982年	第2回浜松野外美術展	浜松市今切り海岸	
1982年-1985年	散策路美術館	JR渋谷駅〜松濤美術館	石井厚生·山口勝弘·中村滝雄ら82年設置
1983年5月	徳島彫刻集団野外彫刻展	徳島（中央）公園	21回展
1983年3月19-5月8日	第1回東京野外現代彫刻展	世田谷区砧公園	テーマ：緑と彫刻、大賞：高橋清
1983年5-6月	'83所沢野外美術展	所沢航空記念公園	第5回
1983年6月	第3回浜松野外美術展	浜松市岩切海岸	
1983年7月30-10月31日	第3回ヘンリー・ムーア大賞展	長野県武石村美ヶ原高原美術館	箱根から美ヶ原高原に展示場所を変更
1983年9月	グリーングロー大阪彫刻展	豊中市服部緑地	小林陸一郎・増田正和
1983年10月1-11月10日	第10回現代日本彫刻展	宇部市野外彫刻美術館	大賞（宇部市長賞）：岩城信嘉〈風の音〉
1983年10月1-11月10日	神戸具象彫刻大賞展'83	神戸市ポートアイランド南公園	大賞：高田大〈蜃気楼〉
1983年10月28-11月9日	第3回金沢彫刻展	金沢市SKYプラザ、犀川緑地公園	高橋清·田村一博·荒井明浩·近持イオリら
1983年10月	第8回大垣市野外彫刻展	大垣市文化会館南側	
1983年10月	第15回京都野外彫刻展	府立植物園	
1983年	北海道サンモア野外展	北海道〜不明	田中毅らが出品

1984年2月	第1回大宮野外彫刻展	埼玉県大宮市市民の森	岩間弘・高岡典男・槙渉ら8人出品
1984年3月26-4月13日	第15回花と彫刻展	大阪市大阪城公園	出品者数36人、出品点数40点
1984年5月1-6月3日	徳島彫刻集団野外彫刻展	徳島中央公園	22回展
1984年5-6月	'84所沢野外美術展	所沢市航空記念公園	第6回
1984年5月20-27日	第1回宮の運動公園野外彫刻展	黒部市宮野運動公園	後の黒部野外彫刻展、松本光司らが出品
1984年6月-1985年3月	'84浄心録道彫刻展	名古屋市城北緑道	主催:浄心文化振興会、1回目20人出品
1984年6月	第4回浜松野外美術展	浜松市	
1984年9月1日-10月31日	第3回高村光太郎大賞展	長野県武石村美ヶ原高原美術館	フジ・サンケイグループ
1984年9月9-23日	OYAMA—彫刻のある街へ展	栃木県小山市白鳳女子短期大学	大賞:澄川喜一〈そりのあるかたち〉
1984年10月1-11月10日	第9回神戸須磨離宮公園現代彫刻展	神戸市須磨離宮公園	テーマ:暮らしと彫刻 大賞:小田襄
1984年10月12-11月4日	相模原野外彫刻展(=第20回神奈川県美術展)	相模原市県立相模原公園	神奈川県美術展委員会
1984年10月	第9回大垣市野外彫刻展	大垣市文化会館庭園	
1984年10月	第16回京都野外彫刻展	府立植物園	
1984年11月	第2回丸亀野外彫刻展	丸亀市丸亀城内広場	
1985年3月24-4月12日	第16回花と彫刻展	大阪市大阪城公園	出品者30人、出品点数33品
1985年4月	第17回京都野外彫刻展	府立植物園	
1985年4月28-5月28日	徳島彫刻集団野外彫刻展	徳島市徳島中央公園	23回展(1か月間)
1985年5月	第1回宇治野外彫刻展	宇治市文化会館	
1985年1月14-9月16日	リュバ野外彫刻展	山梨県清春白樺美術館	
1985年8月4-25日	渋川野外彫刻展'85	群馬県渋川市総合公園	
1985年8月4-25日	神戸具象彫刻大賞展'85	神戸市ポートアイランド南公園	大賞:田中毅

開催年（月）	野外彫刻展（示）名	場所	備考
1985年9月1-10月31日	第4回ヘンリー・ムーア大賞展	長野県武石村美ヶ原高原美術館	大賞：該当者無し
1985年9月8-29日	85所沢野外美術展	航空記念公園	第7回
1985年10月1-11月10日	第11回現代日本彫刻展	宇部市野外彫刻美術館	大賞：田中米吉
1985年10月26-11月30日	第1回国営昭和記念公園野外彫刻展	立川市国営昭和記念公園	建設省関東地方建設局、公園緑地管理財団
1985年11月2-27日	第2回大宮野外彫刻展	大宮市市民の森	
1986年3月21-5月5日	みなとみらい21彫刻展横浜ビエンナーレ'86	横浜市日本メモリアルパーク	岩城嘉信・峯田義郎・米林雄一ら出品
1986年3月29-5月18日	第2回東京野外現代彫刻展	世田谷区砧公園	大賞：脇田愛二郎
1986年3月24-4月11日	第17回花と彫刻展	大阪市大阪城公園	大阪彫刻家会議のメンバー27人29点出品
1986年4月26-11月30日	第2回国営昭和記念公園野外彫刻展	立川市昭和記念公園	
1986年4月29-6月1日	第24回徳島彫刻集団野外彫刻展	徳島市徳島中央公園	24回展
1986年4月	第18回京都野外彫刻展	府立植物園	
1986年5月31-6月6日	第5回浜松野外美術展	浜松市中田島砂丘	15人出品
1986年5月	第1回安曇野現代彫刻展	穂高町町民会館	
1986年5月	第2回宇治野外彫刻展	宇治市文化会館	
1986年5月	高松市中央公園開園記念野外彫刻展	高松市中央公園	
1986年7月25-10月31日	第1回ロダン大賞展	長野県武石村美ヶ原高原美術館	ロダン大賞：中垣克久
1986年8月	第15回丸の内仲通り彫刻展	千代田区丸の内仲通り	峯田義郎ら
1986年10月1-11月10日	第10回神戸須磨離宮公園現代彫刻展	神戸市須磨離宮公園	大賞：空充秋、朝日新聞社賞：岩城信嘉

1986年11月2-9日	国際平和祈念参加第3回大宮野外彫刻展	大宮市市民の森	
1987年4月26-6月14日	第25回徳島彫刻集団野外彫刻展	徳島市徳島中央公園	25周年記念展=作品集出版・速水史朗講演
1987年4月25-11月29日	第3回昭和記念公園野外彫刻展	立川市昭和記念公園	
1987年5月30-6月5日	第6回浜松野外美術展	浜松市中田島砂丘	
1987年5月	第3回宇治野外彫刻展	宇治市文化会館	
1987年6月	第1回京都フラワーセンター野外彫刻展	京都フラワーセンター	
1987年7月24-10月31日	第5回ヘンリー・ムーア大賞展	美ヶ原高原美術館	
1987年9月25-11月8日	第1回メモリアルアート現代野外石彫展	埼玉県入間市入間メモリアルパーク	
1987年9月26-11月8日	丹沢野外彫刻展	秦野市水無川緑地、中央運動公園	最優秀賞:武荒信顕
1987年10月1-11月10日	第12回現代日本彫刻展	宇部市野外彫刻美術館	大賞:山口牧生
1987年10月1-11月10日	神戸具象彫刻大賞展'87	神戸市ポートアイランド南公園	神戸市都市公園賞:長谷川総一郎
1987年10月11-11月15日	'87現代美術の祭典—野外彫刻展	浦和市北浦和公園	
1987年10月	第18回花と彫刻展	大阪市うつぼ公園	大阪彫刻家会議43人
1987年11月1-23日	第1回倉敷まちかどの彫刻展(2003年の6回展で終了)	倉敷市美術館及びその周辺	大賞:寺田武弘〈ストン!〉
1987年11月20-88年1月5日	第4回大宮野外彫刻展	大宮市民の森	
1987年	黒沢牧場野外彫刻展	和歌山県海南市黒沢ハイランド	
1987年	第15回京都野外彫刻展		
1988年	徳島彫刻集団野外彫刻展	徳島中央公園	26回展
1988年4月24-5月29日	瀬戸大橋架橋記念野外彫刻展	高松市中央公園	20人出品
1988年4月25-12月4日	第4回国営昭和記念公園野外彫刻展	立川市昭和記念公園	

開催年(月)	野外彫刻展(示)名	場所	備考
1988年5月1-6月30日	第1回石のさとフェスティバル石の彫刻コンクール	香川県庵治町才田埋立地	石のさとフェスティバル賞:牛尾敬三
1988年7月22-10月31日	第2回ロダン大賞展	美ヶ原高原美術館	ロダン大賞:セザール〈親指〉
1988年8月-	第17回丸の内仲通り彫刻展	千代田区丸の内	三菱地所:
1988年9月1-11月3日	青森EXPO'88記念現代野外彫刻展	青森市	大賞:国安孝昌
1988年9月30-11月	NAGOYA'88空間時の造形展	若宮大通り公園彫刻広場、白川公園	名古屋市文化振興事業団
1988年10月1-11月10日	第11回神戸須磨離宮公園現代彫刻展	須磨離宮公園	大賞:山根耕
1988年10月	第19回花と彫刻展	大阪市うつぼ公園	大阪彫刻会議45人
1988年10月	第8回金沢野外彫刻展	金沢市犀川緑地公園	
1988年10月	第20回京都野外彫刻展	府立植物園	
1988年10月	第2回京都フラワーセンター野外彫刻展	京都フラワーセンター	
1988年11月6-12月4日	野外の表現展URAWA'88	浦和市北浦和公園	22人出品
1988年11月14-12月4日	小平野外彫刻展	小平中央公園	武蔵野美術大学彫刻科有志;第1回展
1988年	市民ミュージアムへの道──彫刻展	川崎市等々力緑地	
1988年	安田火災100周年記念研修センター野外彫刻コンペ	安田火災損保ジャパンビル近辺	
1988年	まんさく高原野外彫刻展	秋田県まんさく高原	
1988年	熊谷野外彫刻展	埼玉県熊谷市	
1988年	南阿蘇野外彫刻展	熊本県阿蘇郡	
1988年	第5回大宮野外彫刻展	大宮市市民の森	
1989年3月31-4月2日	第1回美浜町国際野外彫刻ビエンナーレ	福井県美浜町久々小寺山公園	国際美浜野外彫刻展推進協会

1989年	徳島彫刻集団野外彫刻展	徳島中央公園	27回展
1989年5月13-12月3日	第5回国営昭和記念公園野外彫刻展	立川市昭和記念公園	
1989年7月22-8月11日	第3回黒部野外彫刻展	黒部市宮野運動公園	伊藤釣・後藤敏伸・小口一也ら38人出品
1989年8月4-10月31日	第6回ヘンリー・ムーア大賞展	美ヶ原高原美術館	大賞：フェルナンド・ゴンザレス
1989年8月6-9月24日	'89ふくやま彫刻プロジェクト	ふくやま美術館野外展示場、府中広域	"備後に生きる彫刻を考える"
1989年9月2-10月22日	第3回東京野外現代彫刻展	世田谷区砧公園	東京都・世田谷美術館主催
1989年9月12-10月31日	神戸具象彫刻大賞展'89	神戸市総合福祉ゾーンしあわせの村	大賞：土田隆生、フェスピック神戸大会
1989年10月1-11月10日	第13回現代日本彫刻展	宇部市野外彫刻美術館	大賞：山根耕〈繋ぎ石─作品3〉
1989年10月8-31日	鉄による都市彫刻大賞展	愛知県東海市市役所中庭	東海市、ACTとうかい実行委員会
1989年10月12-	鉄の彫刻展──千葉'89──鉄との対話	千葉市幕張メッセ・日本コンベンションC	青木野枝、剣持一夫、フィリップ・キング
1989年10月16-11月3日	第20回花と彫刻展	大阪市うつぼ公園	大阪彫刻家会議メンバー40人51点出品
1989年10月20-11月3日	おぐに KOIZUMIWA彫刻展	山形県小国町役場前	
1989年10-11月	第1回路上美術館	豊島区池袋東口グリーン大通り	豊島区・豊島区教育委員会
1989年11月1-19日	六甲アイランドCITY彫刻展	神戸市六甲アイランド多目的広場	六甲アイランドCITY彫刻展実行委員会
1989年11月2-12月	第4回国民文化祭さいたま'89彫刻プロムナード	埼玉県さきたま緑道	
1989年	足立区野外彫刻のまちギャラリー		後の「足立区野外彫刻展」
1989年11月3-12月10日	横浜彫刻展'89	横浜市美術館前グランモール公園	横浜彫刻展実行委員会、神奈川新聞社
1989年11月	野外の表現展URAWA'89	北浦和公園	
1989年	City&Cityアートフェスタ野外彫刻展	千葉市ちはら台	
1989年	第2回ふっさ環境彫刻コンクール	東京都福生市	

開催年(月)	野外彫刻展(示)名	場所	備考

1990年代

開催年(月)	野外彫刻展(示)名	場所	備考
1990年3月25-5月13日	第1回甲府市まちなかの彫刻展	甲府市緑ヶ丘公園	甲府市・甲府市教育委員会主催
1990年	第28回徳島彫刻集団野外彫刻展	徳島(中央)公園	28回展;後の7月-8月に移動展開催
1990年4月1-9月30日	ABC国際環境造形コンクール	大阪府鶴見緑地、花と緑の博覧会会場	朝日放送・近畿日本鉄道
1990年4月28-12月2日	第6回国営昭和記念公園野外彫刻展	立川市昭和記念公園	
1990年7月20-10月31日	第3回ロダン大賞展	美ヶ原高原美術館	ロダン大賞:フォティス
1990年7月22-8月19日	徳島彫刻集団　移動野外彫刻展	徳島県・徳島市新町川水際公園	移動展=水際公園オープン記念展
1990年7月27-8月26日	第2回倉敷まちかどの彫刻展	倉敷市美術館とその周辺	タイトル「陽だまりの小さなオブジェ達」
1990年8月3-5日	葛塚南線野外彫刻祭	新潟県豊栄市	田中毅・星野健司・重村三雄らが出品
1990年8月	第19回丸の内仲通彫刻展	千代田区丸の内	本田貴良らが出品
1990年10月1-11月10日	第12回神戸須磨離宮公園現代彫刻展	神戸須磨離宮公園	
1990年10月6-7日	五木の子守唄に伴う彫刻コンクール	熊本県五木村	
1990年10月7-11月25日	小田原城野外彫刻展	小田原市小田原城公園	大賞:西野康造
1990年10月12-11月11日	第2回路上美術館	池袋東口グリーン大通り	
1990年10月17-11月4日	第21回花と彫刻展	大阪市うつぼ公園	大阪彫刻会議:50人50品展示
1990年10月28-11月11日	第4回黒部野外彫刻展	黒部市宮野運動公園	実行委員会、黒部造形研究会
1990年10月	第22回京都野外彫刻展	京都フラワーセンター	
1990年11月	東海村ふれあいロード彫刻展	茨城県東海村ふれあいの森周辺	三木俊治・酒井良らが出品
1990年	第2回足立区野外彫刻コンクール	足立区淵江公園	

1990年	原村野外彫刻展	長野県原村	
1990年	第2回徳島県野外彫刻展	徳島市文化の森公園	
1990年	ふっさ環境彫刻コンクール	東京都福生市	3回展：林宏ら出品
1991年2月13-3月17日	第2回甲府まちなかの彫刻展	甲府市緑ヶ丘公園	甲府市・甲府市教育委員会、大賞：春山文典
1991年3月	大阪中之島緑道彫刻コンクール	大阪市中之島緑道	10人の作品を設置
1991年4月27-12月1日	第7回国営昭和記念公園野外彫刻展	立川市昭和記念公園	招待作家12人とコンクール出品者38人展
1991年5月1日-	第2回石のさとフェスティバル・石の彫刻コンクール	香川県牟礼町与一公園	
1991年7月19-10月31日	第7回ヘンリー・ムーア大賞展	美ヶ原高原美術館	
1991年7月22-8月17日	第29回徳島彫刻集団野外彫刻展	徳島県新町川水際公園	徳島中央公園から場所を移動し29回展
1991年9月1日-12月26日	野外の表現展91	浦和市北浦和公園	
1991年9月20-10月31日	第6回神戸具象彫刻大賞展	神戸市六甲アイランド特設会場	大賞：池田宗弘
1991年9月	雪椿の里・加茂山彫刻展	新潟県加茂市加茂山公園	第1回野外彫刻展
1991年9月	第23回京都野外彫刻展	京都フラワーセンター	
1991年10月1-11月10日	第14回現代日本彫刻展 =野外彫刻展30周年	宇部市野外彫刻美術館	大賞：土屋公雄〈底流〉
1991年10月5日-11月4日	第3回路上美術館	池袋東口グリーン大通り	
1991年10月-11月	トリエンナーレ1991【公募】神通峡美術展	富山県大沢野町猿倉森林公園（野外彫刻部門）	第1回目：中部6県対象、野外彫刻部門と壁面（大沢野文化会館）部門で公募・公開
1991年10月13-11月17日	横浜彫刻展'91	横浜市横浜美術館美の広場	大賞：堀義幸〈次元のリング〉
1991年10月13-11月3日	第5回黒部野外彫刻展	黒部市宮野運動公園	黒部市立桜井中学と鷹施中学が参加
1991年10月16-11月3日	第22回花と彫刻展	大阪市うつぼ公園	大阪彫刻会議：34人44点出品

開催年(月)	野外彫刻展(示)名	場所	備考
1991年10月27日-	第2回子守歌の里彫刻コンクール	熊本県五木村	大賞:鹿田淳史
1991年11月1-15日	第3回甲府まちなかの彫刻展	甲府市総合市民会館イベントモール	大賞:松本憲宣
1991年11月-1993年10月	第1回東京道玄坂野外彫刻展	渋谷区道玄坂商店街(丸1年間展示)	渋谷道玄坂商店街振興組合管理・協賛
1991年	ラブロード50・石の彫刻コンクール	茨城県岩瀬町:国道50号線緑地帯、	
1991年	ふっさ環境彫刻コンクール	東京都福生市	4回展
1992年3月	能登島グラスアートナウ指名コンペティッション	石川県能登島ガラス美術館	実行委員会
1992年4月-5月5日	第1回:木内克大賞野外彫刻展	茨城県東海村、阿漕ヶ浦公園	
1992年4月25-12月6日	第8回国営昭和記念公園野外彫刻展	立川市国営昭和記念公園展示広場	
1992年7月17-10月31日	第4回ロダン大賞展	長野県武石村美ヶ原高原美術館	ロダン大賞:ガイエル・トウマルキン
1992年7月-1994年6月	盛岡中央通り彫刻展	岩手県盛岡市	大成浩・藁谷収・大木達美らが出品
1992年8月4-30日	'92みなみかた国際アートフェスティバル	宮城県南方町花菖蒲の郷公園	
1992年8月-93年8月8日	第21回丸の内仲通り彫刻展	千代田区丸の内仲通	丸1年間野外展示
1992年9月5-10月25日	第4回東京野外現代彫刻展	世田谷区砧公園	
1992年9月13日-11月30日	野外の表現展92	浦和市北浦和公園	
1992年9月28-10月31日	第30回徳島彫刻集団野外彫刻展	徳島市　徳島(中央)公園	30周年記念展
1992年10月1-11月23日	第13回神戸須磨離宮公園現代彫刻展	神戸市須磨離宮公園	
1992年10月1-11月3日	半田市野外彫刻展	愛知県半田市任坊山公園	半田市野外彫刻展実行委員会
1992年10月1-11月30日	第1回街と彫刻展	沖縄県那覇市パレットくもじ	実行委員会(現代彫刻研究会、九茂地株式)
1992年10月	第23回花と彫刻展	大阪市靭公園	大阪彫刻会議

1992年10月4-11月1日	第6回黒部野外彫刻展	黒部市宮野運動公園	
1992年10月9-31日	第4回路上美術館	池袋東口グリーン大通、サンシャイン通等	豊島区、豊島区教育委員会
1992年10月14-11月3日	第23回花と彫刻展	大阪市うつぼ公園	大阪彫刻会議:35人45点出品
1992年11月1	第3回五木の子守唄に伴う彫刻コンクール	熊本県五木村	
1992年11月3-8日	'92 OUR 第1回徳島彫刻大賞展	徳島市県立近代美術館	
1992年11月6-20日	第4回甲府市まちなかの彫刻展	甲府市総合市民会館イベントモール	
1992年	第3回丸亀野外彫刻展	丸亀市	
1992年	ふっさ環境彫刻コンクール	東京都福生市	第5回展
1993年	第4回足立区野外彫刻展		区民代表、住民参加
1993年3月20-28日	第3回:芸術祭・京「京を創る」	京都市	大賞:〈ジャンク田植え〉(3人の合作)
1993年7月16-10月31日	フジサンケイ・ビエンナーレ現代国際彫刻展	長野県武石村美ヶ原高原美術館(第1回)	大賞・ロダン賞・ヘンリー・ムーア賞創設
1993年8月1日-	相模湖野外美術館彫刻展	神奈川県相模湖町	野外彫刻のある街づくり実行委員会
1993年8月19-22日	第2回葛塚南線野外彫刻祭	新潟県豊栄市	岩間弘・星野健司らが出品
1993年9月1-10月11日	第7回神戸具象彫刻大賞展	神戸市ハーバーランド特設会場	
1993年9月14-19日	'93OUR徳島彫刻大賞展(第2回)	徳島県立近代美術館ギャラリー	
1993年10月1-11月14日	第15回現代日本彫刻展	宇部市野外彫刻美術館	宇部市、運営委員会、毎日新聞
1993年10月1-31日	第2回街と彫刻展	沖縄県那覇市パレットくもじ周辺、市役所	1年生
1993年10月3-11月3日	第7回黒部野外彫刻展	黒部市宮野運動公園	
1993年10月4-11月6日	第5回甲府市まちなかの彫刻展	甲府市総合市民会館イベントモール	
1993年10月4-11月6日	第31回徳島彫刻集団野外彫刻展	徳島市徳島中央公園	

開催年(月)	野外彫刻展(示)名	場所	備考
1993年10月9-17日	第8回国民文化祭いわて'93石彫展	岩手県岩手町・石神の丘美術館	文化庁、岩手県、岩手町、町芸術文化協会
1993年10月12日-12月29日	第5回路上美術館	池袋東口グリーンロード	
1993年10月13日-11月30日	第1回大分アジアン彫刻展	大分県朝地町朝倉文夫記念公園	朝地町、実行委員会
1993年10月14-11月3日	第24回花と彫刻展	大阪市うつぼ公園	大阪彫刻会議:36人46点出品
1993年10月16日-11月23日	湘南平塚野外彫刻展	平塚市総合公園	
1993年10月24日-11月3日	環境彫刻 & ユーモアアート展	千葉県船橋市、ふなばし海浜公園	船橋市公園協会
1993年10月30-94年2月28日	横浜彫刻展'93(第3回)	横浜美術館前美の広場	大賞:斉藤史門、奨励賞:二口金一、入賞:加治晋・荻野弘一
1993年11月14-23日	第1回所沢空港記念公園野外彫刻展	所沢市所沢空港記念公園	所沢市、埼玉芸術文化祭実行委員会など
1993年	ORC200の街を飾る彫刻コンクール	大阪市	金賞:楠田信吾
1993年	六甲アイランド現代アート展	神戸市六甲アイランド	神戸実行委員会(WFOAPティーム)
1993年	第6回ふっさ環境彫刻コンクール	福生市	設置者:3人決定
1994年	第5回足立区野外彫刻展	足立区内設置場所	足立区街づくり公社
1994年2月26日	くらしき緑と水のアート回遊	倉敷市水島臨海鉄道	小倉忠夫・三木多聞・中原佑介
1994年2月	TAMAらいふ21・国際野外彫刻展	多摩市、国際芸術文化ゾーン	TAMAらいふ21協会
1994年3月5-27日	第3回倉敷まちかどの彫刻展	倉敷市立美術館及びその周辺	倉敷市・同文化振興事業団、山陽新聞社
1994年3月18-27日	第4回芸術祭典・京「京を創る」	京都市	
1994年3月22-31日	あおもり野外彫刻展'94	青森市県立図書館・近代分学オープン記念	
1994年5月1日-6月30日	第3回石のさとフェスティバル石の彫刻コンクール展	香川県庵治町城岬公園	

1994年8月5-9月4日	新潟市野外彫刻大賞	新潟市美術館	市美術委員会
1994年	第8回黒部野外彫刻展	黒部市宮野運動公園	
1994年9月27-10月9日	第6回甲府市まちなかの彫刻展	甲府市総合市民会館イベントモール	
1994年9月30-10月23日	'94ふくやまアートプロジェクト事業・アジア野外彫刻展	福山市美術館ロビー、野外展示場	ふくやまアートプロジェクト実行委員会
1994年10月1-11月23日	第14回神戸須磨離宮公園現代彫刻展	神戸市須磨離宮公園	大賞:楠田信吾、土方定一記念賞:寺田武弘
1994年10月	トリエンナーレ1994[公募]神通峡美術展	富山県大沢野町猿倉山森林公園(野外彫刻部門)	2回目:主催=大沢野町・同教育委員会・同芸術文化協会
1994年10月1-11月30日	第3回街と彫刻展	沖縄市パレットくもじ周辺	
1994年10月9-30日	第32回徳島彫刻集団野外彫刻展	徳島市徳島中央公園	
1994年10月14-11月3日	第25回花と彫刻展	大阪市うつぼ公園	大阪彫刻会議:33人44点出品
1994年10月23-30日	第9回国民文化祭みえ94美術展・野外彫刻部門展	三重県大宮町など	
1994年11月	朝来1994野外彫刻展in多々良木'94	兵庫県朝来町	マケットで公募後、展示設置
1994年	第2回六甲アイランド現代アート野外展	神戸市六甲アイランド(WFOAP)	実行委員会WFOAPティーム
1994年	第7回ふっさ環境彫刻コンクール	福生市	
1995年2月14-19日	第3回OUR徳島彫刻大賞展	徳島市県立近代美術館	マケット展をギャラリーで展示後設置
1995年5月1日-20日	'95びわこ現代造形展	大津港イベント広場	富山省三・近持イオリらが出品
1995年5月19日-28日	芸術祭典・京「京を創る」(第5回)	京都市	清水九兵衛らが京・実行委員会を組織
1995年7月21-10月31日	第2回フジ・サンケイ・ビエンナーレ現代国際彫刻展	長野県美ヶ原高原美術館	大賞、ロダン・ムーア記念賞、優秀賞
1995年7月	公募彫刻展in《能生》	新潟県能町海洋公園	94年9月搬入
1995年8月1日-9月10日	街と彫刻展・IRABU	沖縄県伊良部町役場前広場	6人参加

開催年(月)	野外彫刻展(示)名	場所	備考
1995年8月	第6回足立区野外彫刻展 (コンクール入賞作品3品を決定場所に設置)	足立区	区民代表、区関係者、設置周辺住民らが参加
1995年8月	第24回丸の内仲通り彫刻展	千代田区丸の内仲通り	三菱地所、彫刻の森美術館
1995年9月15-10月1日	山口大理石現代彫刻展in景清洞	山口県美東町景清洞内	実行委員会
1995年9月9-10月22日	第5回東京野外彫刻展	世田谷区砧公園	世田谷区、東京都、世田谷美術館共催
1995年9月17-30日	朝来1995野外彫刻展in多々良木		マケット展の大賞・準大賞が実物制作
1995年10月1-11月12日	第16回現代日本彫刻展	宇部市野外彫刻美術館	
1995年10月1-11月30日	第4回街と彫刻展	那覇市パレットくもじ周辺、松山公園等	実行委員会(那覇市・伊良部町)
1995年10月1-27日	第33回徳島彫刻集団野外彫刻展	徳島(中央)公園	
1995年10月17-11月5日	第26回花と彫刻展	大阪市うつぼ公園	大阪彫刻会議40人47点出品
1995年10月	第9回黒部野外彫刻展	宮野運動公園	最終回(松尾出品)
1995年10月27-11月5日	金沢彫刻展1995	金沢市庁舎前、中央公園	
1995年10月16-23日	第7回甲府市まちなかの彫刻展	甲府市総合市民会館	
1995年10月27-11月5日	第10回国民文化祭とちぎ95野外彫刻展	西那須郡にしなすの運動公園	審査員:上野弘道・澄川喜一・日原広大ら
1995年11月3-23日	第2回木内克大賞野外彫刻展	茨城県東海村ふれあいの森公園	
1995年11月11-26日	第1回所沢市野外彫刻展	埼玉県所沢市所沢航空記念公園	所沢市・教育委員会・実行委員会
1995年11月	ゆう・もあ・あーと大宮55「風の通り道展」	大宮市大宮駅周辺	
1995年	第8回ふっさ環境彫刻コンクール	東京都福生市	8回展の受賞作決定
1996年4月28-6月16日	第1回雨引きの里と彫刻	茨城県真壁郡大和村ロックギャラリー周辺	雨引きの里と彫刻実行委員会、8人参加

1996年5月24 -6月2日	第6回芸術祭典・京「京を創る」	京都市	9人出品
1996年6月22 -9月16日	第4回横浜彫刻展	横浜市美術館前美の広場	大賞、横浜市長賞、栄区民賞など
1996年8月3 -25日	第3回六甲アイランド現代アート野外展	六甲アイランド・マリンパーク南端遊歩道	
1996年9月1 -10月11日	第8回神戸具象彫刻大賞展	神戸市西神南ニュータウン特設会場	
1996年9月1 -11月30日	国際交流野外彫刻展	福岡市海ノ中道海浜公園	アジア現代彫刻会
1996年9月10 -23日	朝来1996野外彫刻展IN多々良木'96	朝来町中央公民館	
1996年9月28 -11月24日	野外彫刻の祭典──20世紀の巨匠たち	江東区都立現代美術館	東京ルネッサンス実行委員会、パリ市など
1996年10月6 -97年10月5日	第25回丸の内仲通り彫刻展	千代田区丸の内	三菱地所・彫刻の森美術館:伊藤隆道の作品11品を展示
1996年10月11 -20日	第8回甲府市まちなかの彫刻展	甲府市総合市民会館	
1996年10月15 -11月4日	第27回花と彫刻展(第1回=1967年開始)	大阪市靫公園	大阪彫刻会議:38人58点出品
1996年10月20 -11月23日	'96日向現代彫刻展	宮崎県日向市日向岬グリーンパーク	日向市・同教育委員会:三木多聞
1996年9月29 -11月8日	第34回徳島彫刻集団野外彫刻展	徳島市　徳島中央公園	テーマ:環境と彫刻
1996年11月8日 -12月1日	第10回小平野外彫刻展	武蔵野市小平中央公園	実行委員会:武蔵野美術大学彫刻科有志
1997年3月8 -31日	第4回倉敷まちかどの彫刻展	倉敷市芸文館北広場	倉敷市文化振興財団事務局、大賞:外儀秀紹
1997年5月17 -25日	第7回芸術祭典・京「京を創る」	京都市琵琶湖疎水	京実行委員会:清水九兵衛・富山秀男
1997年9月8 -23日	朝来1997野外彫刻展IN多々良木'97		
1997年10月1 -11月10日	第17回現代日本彫刻展	宇部市野外彫刻美術館	大賞:内田晴之
1997年10月14 -11月3日	第28回花と彫刻展	大阪市うつぼ公園	大阪彫刻会議:42名60点出品
1997年10月25 -11月3日	第12回国民文化祭・かがわ'97石彫展	香川県牟礼町石匠の里公園	文化庁・香川県・国民文化祭実行委員会等

開催年（月）	野外彫刻展（示）名	場所	備考
1997年10-11月	トリエンナーレ1997［公募］神通峡美術展	富山県大沢野町猿倉森林公園（野外部門）	公募対象を三重・愛知県を加え中部8県に
1997年10月5-11月5日	第35回徳島彫刻集団野外彫刻展	徳島市徳島中央公園	35周年記念展：野外彫刻写生コンクール
1997年11月2-1998年1月18日	第2回雨引きの里と彫刻展	茨城県真壁郡大和村本木・大曽根地区	雨引きの里と彫刻実行委員会、協賛：サントリー、27人出品
1998年5月2-31日	第3回木内克大賞野外彫刻展	茨城県東海村阿漕ヶ浦公園	東海村文化スポーツ振興財団
1998年9月	朝来1998野外彫刻展IN多々良木	兵庫県朝来町	
1998年9月11-11月20日	道の造形展1 tmemorials 道に新しい風景	相模原市市役所通り・植栽帯・周辺公共施設	相模原市道の協会：宮崎甲・後藤良二ら
1998年10月4-11月14日	第36回徳島彫刻集団野外彫刻展	徳島中央公園	
1998年10月13日-11月3日	第29回花と彫刻展	大阪市うつぼ公園	大阪彫刻会議：45人67点出品
1998年	第9回足立区野外彫刻展	足立区市民指定場所	足立区デザイン公社
1999年	小平野外彫刻展	小平市	武蔵野美大彫刻科
1999年	第5回倉敷まちかどの彫刻展	倉敷市	事務局：文化振興事業団
1999年	第10回足立区野外彫刻展（最終回）	足立区	マケット公募⇒受賞決定⇒展示会⇒設置
1999年9月	朝来1999野外彫刻展		
1999年10月22-12月11日	第37回徳島彫刻集団野外彫刻展	徳島中央公園	第1回西日本彫刻交流文化サミット
1999年10月12-11月3日	第30回花と彫刻展	大阪市うつぼ公園	大阪彫刻会議：61名61品出品
1999年10月1-11月10日	第18回現代日本彫刻展	宇部市野外彫刻美術館	大賞：国安孝昌〈湖水の竜神〉
1999年10月3-12月5日	第3回雨引きの里と彫刻	茨城県大和村羽田・青木・高森地区	32人参加

2000年代

2000年	小平野外アート展	小平市武蔵野美大	武蔵野美大彫刻科
2000年10月10-11月5日	第31回花と彫刻展	大阪市うつぼ公園	大阪彫刻会議:50名63点出品
2000年10月15-11月24日	第38回徳島彫刻集団野外彫刻展	徳島中央公園	
2000年9月	朝来2000野外彫刻展	兵庫県朝来町	
2000年10月-11月	トリエンナーレ2000[公募]神通峡美術展	富山県大沢野町猿倉森林公園(野外部門)	静岡県を加え中部9県で2012年も継続中

* 年表は、筆者の長年の調査・研究資料に、東京造形大学准教授藤井匡・同教授井田勝巳両氏の提供資料を加え、2013年12月末迄に収集の最新情報に基づき作成した。
* 野外及び屋外空間への展覧会としての野外・屋外彫刻の展示会の記録を第1の目的とした年表である。
* 備考欄は、筆者の覚書程度の内容で限定項目ではない。また、空欄は、重複の回避と情報不足の場合のどちらかである。
* 年表に登場の全ての企画や設置作品の確認は不可能であるため、誤認の場合もある。ご一報いただけたら幸いである。

IV

彫刻シンポジウムの
歴史と到達点

PUBLIC ART

1. 彫刻シンポジウム概説

世界最初の彫刻シンポジウムは、一般的には、1959（昭和34）年にオーストリアで実施されたといわれる。「シンポジウム」の語源は、ギリシャ語の「シュンポシア」「シュンポシオン」に由来するが、一緒に酒を飲む「酒宴」や「饗宴」を意味する。ラテン語では「SYNPOSIA」と表記するが、現代社会では、同一テーマについて公開の場でそのテーマを論じ合うことを意味する。しかし、彫刻シンポジウムの場合は、一定の場で一定期間の公開制作を通じ、夜毎酒宴を共にしながら彫刻を論じ合うような意味合いが強い。

オーストリア発の世界最初の彫刻シンポジウムは、彫刻家カール・プラントルの呼びかけにより、ウィーン郊外の砕石所サンクト・マルガレーテン（ブランゲンランド州）で「ヨーロッパ彫刻家のシンポジオン」と銘打ち開催となった。世界7カ国、11名の参加で、その参加者が、終了後母国に戻り移植を始めた。1960年には旧西ドイツで、1961年にはユーゴスラビアとイスラエルでも開催された。この理念の世界的展開が、アトリエにこもりがちな彫刻家を野外に連れ出し、作家の特権意識やエゴイズムも問い直す結果になった。日本の彫刻家も1961年からのユーゴ国際シンポジウム、いわゆる「フォルマ・ビバ」に毎年参加し、彼らの影響が、日本の彫刻シンポジウム機運を盛り上げた。第1回「フォルマ・ビバ」日本人参加者には、木彫の田中栄作、石彫の富樫一と水井康雄の3人が名を連ねる。水井にいたっては、1963年開催の日本最初の彫刻シンポジウムに参加することになる。

本章は、1992年10月山梨県甲府市で開催の大学美術教育学会研究発表資料★1と93年6月発刊の研究紀要★2、及びそれ以降の調査資料に基づき執筆した。章末《年表Ⅱ：彫刻シンポジウムの歴史（日本）》に基づき、1960年代からほぼ10年刻みの特性や傾向等を論じたものである。年表は2000年までの表記で打ち止めたが、本文は、近年の調査結果も踏まえ、可能な限り2013年迄の到達点の分析や果たした役割の意味、及び今後の可能性への論考である。

2. 彫刻シンポジウムの歴史的展開

1）1960年代（昭和35年－44年）

60年代は、彫刻シンポジウムの草創期にあたり開催数も6回を記録するのみである。日本最初の彫刻シンポジウムは、1963年7月1日神奈川県真鶴町の道無海岸で開催された。江戸城の石垣にも使われた本小松石の砕石所で実施の「世界近代日本彫刻シンポジウム」である。朝日新聞社主催で、6名の外国人作家と6名の日本人作家が招待され3ヶ月間に渡り公開制作した。外国人作家の国籍は、フランス・イタリア・ドイツ等5カ国6人で1人2点の制作者もいた。日本人作家は、フォルマ・ビバ参加の水井康雄の他に、最年長の本郷新、野水進、毛利武士郎、木村賢太郎、鈴木実で会派を問わないものであった。制作作品は、63年10月に東京新宿御苑西洋庭園で開催のシンポジウム野外展★3に公開展示された。また、翌64年の東京オリンピック会場の1つ代々木総合体育館周辺に各作品が配置・展示され★4、最大級の国家事業の機運創出と彫刻家の社会的価値の発信力を示した。

66年と67年には、長野県諏訪市入海鉄平石砕石所にて「霧が峰彫刻シンポジウム」が、2年間連続で2回開催となる。横沢英一をチーフに、大成浩、丸山映をセコンドに東京造形大学の学生たちの実践的トレーニングを主目的に企画されたものである。彫刻シンポジウムの模索を、教員と学生たちの自主研修的訓練の場を長野県諏訪市の霧が峰に求めたのが実態であり、予算詳細不明な現代風アートプロジェクトの教育版であり、大学発信の教育プロジェクトの先例と考える。

68年には、「第1回日本青年彫刻家シンポジウム」が香川県小豆島内海町福田の石切り場で実施になった。増田正和の呼びかけに小林陸一郎と山口牧生が呼応し、3人の企画で全国から学生を含む42名の若手作家の参加で画期的なものであった。学生以外にも全国のいわば瑞々しい志を持つ青年たちがこれから切り開かれるであろう社会に向かっての自らの希望や夢を託す挑戦的で前向きな画期的企画であった。また、これを契機に増田・小林・山口の3人の共創的グループ制作集団が結成されていったのも現代彫刻史上の特筆事項であり、場と作品と環境との調和を目指す作品制作が志向されてゆく。この思考の提唱・実践者である環境造形Q＝グループQの役割として、その後の全国的野外彫刻ブームやパブリックアート事業への重要コンセプトの提案者、及び実際の作品制作を通じた現代的アートシーンの創造的実践者、日本の戦後彫刻史に美学的意義を決定的に刻んだ理論的先導者という側面を列挙できる。

69年には、彫刻シンポジウムの木彫版として秋田県彫刻家連盟主催による「秋田県彫刻シンポジウム」（別称「第2回青年彫刻家シンポジウム」）が開催となる。全国公募、素材の木材化、10回の開催を目指すという点で特徴的であったが、1回目は、秋田県田沢湖町田沢湖高原にて小林陸一郎、増田正和、山口牧生の他、大国丈夫、小柳力、箕口博、渡辺昭次等の参加であった。さらに、同69年は、鉄の造形による国際彫刻シンポジウムも企画されている。EXPO '70の大阪万博の前年にあたり、内外13人の彫刻家が、大阪の後藤鍛工特設アトリエを中心に鉄鋼彫刻を制作し、日本鉄鋼連盟と毎日新聞社主催で実施となった。参加者記録によれば、外人作家の中には、鉄の彫刻で著名なフィリップ・キングは当然としても、石材による世界最初の彫刻シンポジウム創始者といわれるカール・プラントルが鉄の造形に挑戦している点が、貴重で面白い。また、日本人作家4人の内訳は、飯田善國、若林奮、湯原和夫、伊原道夫の名前が確認できる。

2）1970年代（昭和45年–54年）

70年代に入ると、毎年数箇所で彫刻シンポジウムが日本のどこかで必ず開催され、野外彫刻展とは少し違った趣のアートシーンを日本国内に刻んでゆく。開催数で検証すると、前期の70･71･72年は2・3・4回だが、中期の73･74･75･76年には6･3･5･4回と全体的には漸増傾向を示す。77･78･79年の後期は4･7･6回の開催数になるが、毎年開催の継続型とビエンナーレ方式の隔年型やその年のみの単年完結型の混在で凸凹が見られる。70年代前半の2回の記録が最低開催回数であり、73年と78年に7回という最多数を示す。78･79年の6･7回に見られるように70年代後半には、増加傾向のみならずその数が鰻上りを予想させる。

70年代の開催を個別列挙すれば、70年7月–8月末に、岐阜県郡上郡八幡町英霊寺広場では、「郡上郡八幡青年彫刻シンポジウム」が開催される。八幡町教育委員会社会教育課資料★5によれば、名古屋造形短大教授野水進・助教授石黒将らが発起人となり、短大生18人、愛知県立芸大生2–3名、名古屋在住作家数名、金沢美大・多摩美大生数人の参加で、夏の約1ヶ月間をトチ等の木材を公開制作した。また、同年8月には、別称「帯広石彫シンポジウム」で定着の「第1回十勝御影石による石彫シンポジューム」が開催になる。多摩美術大学の中井延也を講師に5回までの記録があるが、第5回は「休止」されている。帯広市内在住か勤務者で「今後とも彫刻を続ける意欲のある方」の申し込みに基づき、7人ほどの参加者を募った。帯広市が、「現代彫刻の啓蒙とゆたかな情操の培い」を目的★6に成文化し、開催当初より石彫公園の造成を目的とした日本最初の例である。

1971年には、「第2回郡上八幡青年木彫シンポジウム」が開催となる。第1回との相違は、武蔵野美術大学の実技専修科の赤松正治が発起人となり、武蔵野美大生の参加が20数人と多数を占め、愛知県立芸大生2人、名古屋造形短大生3–4名の記録★7を見る。また、同年7–8月には、静岡県天竜市長沢の元小学校分校敷地で天竜美林を彫る芸大・美大生の彫刻大学が開催される★8。「第1回天竜彫刻の村」と銘打つこの企画は、午前中実習、午後は自由時間に設定された。「郡上八幡青年彫刻シンポジウム」同様に、7月から8月末日までの約1ヶ月間を共同生活しながらの公開制作だった。この企画は、73年までの2回で終了したが、2回の「郡上八幡青年彫刻シンポジウム」と72年の「いとしろ彫刻の村」、及び、その後の「しらとり彫刻の村」を吸収・拡大・再編するかのように2013年現在も継続の「彫刻村 IN GUJYO」に収斂された。その結果、日本最長の木彫シンポジウムの源流を形成する。その他同年には、「第2回帯広彫刻シンポジウム」が1回目の成果を踏まえて実施されている。

72年には、木彫関係では「第2回天竜彫刻の村」、「第1回いとしろ彫刻の村」が企画・実施された。この2企画は、中日新聞社主催で静岡県天竜市と岐阜県白鳥町の共催で同時開催の夏季彫刻教室であった。石彫関係では、「小豆島彫刻シンポジウム '72」と「第3回帯広石彫シンポジウム」が企画・実施となる。環境造形Qの1人小林陸一郎の資料★9によれば、前者は、作品の公開制作のみならず世界と日本の彫刻シンポジウムの経過報告や当時の参加実態への批判や問題点や課題までもが討議された記録がある。後者は、恒例の十勝御影石を彫る公開制作を帯広市緑ヶ丘公園で実施するが、7月15日−31日までの1ヵ月半の間に7人の参加者で7点制作・設置された。予算が前年の16万1900円から53万5700円に急増している点がその企画の進展を物語る。

73年の石彫シンポジウムは、新展開を迎える。記録数は5件を数えるのみだが、新規企画が3件登場する。新規の「第1回紀伊長島彫刻シンポジウム」=「'73紀伊長島彫刻シンポジューム」は、遠藤利克や松本光司ら10人の参加で7月1日−9月30日まで三重県紀伊長島町片上池周辺で開催される。その報告書★10によれば、プラン提出後に3名前後のグループ構成、4人の選考委員の審査、5グループの選抜、を経て制作・設置・公開されていた。新規企画の2件目は、「第1回**岩手町国際石彫シンポジウム**」である。当時の岩手町教育委員会社会教育課資料★11によれば、岩手町の地元産黒御影石を使用し、岩手町の絵画集団エコール・ド・エヌ（代表画家齋藤忠誠）やニューヨーク在住の石彫家新妻実との繋がりによる個人的人脈が成功に導いた事例（**4-1 岩手町彫刻公園**）と判別する。新規3件目の石彫シンポ（以下シンポと略称することがある）は、「甲山森林公園石彫シンポジウム」である。兵庫県西宮市の緑豊かな甲山森林公園での企画・実施の1回目で、鹿間厚次郎・田中勲・新谷秀夫らの参加記録がある。一方で、先発の「小豆島彫刻シンポジウム'73」は、環境造形Qの小林・増田・山口の3人がプランニング賞、酒井信次・土谷武・富樫一の3人には制作権賞の受賞記録があり、坂手港広場のためのモニュメント制作を通じ、グループ制作の実践と受賞制度の創設が判別する。「第4回帯広石彫シンポジウム」は、中井延也を実行委員に7人の作家で7点の公開制作、設置・公開された。木彫関係記録では、「第3回天竜彫刻の村」が回を重ね、「いとしろ彫刻の村」も2回目を迎える。中日新聞の主催、静岡県天竜市と岐阜県白鳥町との共催、2県2箇所に跨る夏季彫刻大学も実施になる。

74年に入ると、木彫関係では「第4回天竜彫刻の村」、「第3回いとしろ彫刻の村」の企画が確認できる。石彫関係の開催は低調で、「第2回岩手町国際彫刻シンポジウム」が企画・実施されたが、5回目の帯広彫刻シンポは企画されたものの実行委員の事故等により中止になった。

75年には、木彫シンポ中心の「天竜彫刻の村」が最終回の5回目を迎えた。「第3回いとしろ彫刻の村」は、2県に跨る夏季彫刻教室を通じ彫刻文化育成の傍ら、新聞社の文化発信力の社会実験のような趣を呈した。石彫シンポ関係の企画は、「岩手町国際彫刻シンポジウム」が3回を数え軌道に乗り出し、岩手大学学生を中心とした「第1回盛岡彫刻シンポジウム」が同じ岩手県内で新規に登場する。当初は「岩手大学教育学部特設美術科出身の若い彫刻家と学生との交流を深めるもの」★12 であった。会場を岩手大学構内から、岩手郡玉山村城内や**盛岡市四十四田公園（4-2 設置作品）（4-3 制作風景）**等に移し、その変遷の中にも時代の移ろいを反映してきた。2013年現在は、公開制作は一年に1回とし継続中の世界最長の彫刻シンポジウムとなりつつある。大学の実在研修から出発し、その時代や地域に認知されながら引き継がれることで美術文化形成に寄与した貴重な事例といえる。

76年には、新規石彫シンポの「八王子彫刻シンポジウム」★13 が開始になる。東京都八王子市富士森公園で出発の隔年開催を原則としたが、初回は八王子青年会議所の主催で、多摩地区の大学と教員や学生たちの公開道場の趣であった。先発の「岩手町国際彫刻シンポジウム」は4回目、「盛岡彫刻シンポジウム」は2回目を数えた。木彫シンポでは、「第5回いとしろ彫刻の村」が開催されている。

77年に入ると木彫関係では、「いとしろ彫刻の村」が6回を数える際立つ存在になる。石彫関係では、新規に「釜沢石彫シンポジウム」が加わる。新潟県長岡市南蛮山で開催するが、江戸時代発掘の安山岩を毎年旧盆の3日間を県内在住の美術教師が地元長岡の石材店の協力を得て、公開制作に臨んだ例★14 である。先発組では、「岩手町国際石彫シンポジウム」、「盛岡彫刻シンポジウム」が、それぞれ5回・3回と定着を示すようになる。

78年の展開は、華やかである。「八王子彫刻シンポジウム」が2回目を迎え、目的も明確化させ「彫刻のある街づくり」事業との連動により、八王子市がシンポジウム実行委員会を組織・支援する体制をとる。都市空間における野外彫刻のあり方が理論・制作の両面で磨かれ、市民に林間彫刻教室等の生涯学習機会の提供でパブリックアートとしての認知形成過程を示す好例になってゆく。また、単発型新規事業も2件登場する。新潟県塩沢町で開催の「雲洞庵シンポジウム」と長野県諏訪市で開催の**4-4「諏訪湖国際彫刻シンポジウム」（設置後風景）**★15 である。後者は、横沢英一を統括責任者に指名し、日本の石彫界を背負う名だたる作家の他に、8人の外人作家が招待されることで、諏訪湖畔石彫公園の造成に協働・参加してゆく。その中には、秋山礼巳・岡本敦生・片桐宏典・登坂秀雄・高島文彦らの名前を見ることができる。さらには、「いとしろ彫刻の村」は7回の最終回を迎え、他の石彫シンポも、岩手町6回、盛岡4回、釜沢2回と回数を増やしてゆく。

79年は、新規企画が3件登場する。その1つは、「いとしろ彫刻の村」の終了後大島に会場移動の「しろとり彫刻村」★16の開村、2つ目は、「第1回松阪彫刻シンポジウム」（三重県松阪市）★17の実施である。三重大学彫刻研究室が中心になり、学生の塊材彫刻実習として木や石材の公開制作を松阪城公園という公共性の高い場の提供を受け企画・実施したものである。3つ目は、愛知県岡崎市を中心に開催の単発型の「岡崎・琉球島石彫シンポジウム」である。八木ヨシオ、ノブコ・ウエダの記録がある。先発石彫シンポでは、岩手町国際石彫シンポ・**釜沢石彫シンポジウム（4-5 公開制作風景・4-6 設置作品）**に、7・5・3回の記録を見る。

3）1980年代（昭和55年−平成元年）

80年代に突入すると、さらにその開催数が増加する。単なる野外彫刻が、公共空間への出現頻度の増加が設置数増加と比例し、公共性を高めてゆく。その数の変遷だけでも以下のようになる。80年7件・81年6件・82年6件・83年7件・84年9件・85年7件・86年6件・87年8件・88年9件・89年12件と多少凸凹するが、予想した鰻上りを裏付ける。70年代後期で年間6件程度の回数が80年代前半では、7・6・6件とほぼ平衡するが、7件が80年から4回を数える。中期の84年の9件が2回、88・89年の9件から12件への増加は、確実にバブル経済の沸騰期と一致する。

80年の個別例では、「しろとり彫刻村」（木彫）と「紀伊長島彫刻シンポジューム」（石彫）と「松阪彫刻シンポジウム」（木彫・石彫の混合）が2回目を迎えるが、新規企画の記録はない。その他、先発の「岩手町」8回、「盛岡」6回、「釜沢」4回、「八王子」3回と定着から安定期を迎えるのは、全て石材を素材の彫刻シンポジウムであった。81年で、山口県萩市指月西公園で開催の「萩国際彫刻シンポジウム」が新規登場する程度で、先発組は、第9回「岩手町」、7回「盛岡」、5回「釜沢」と数を重ね、3回目が「松阪」（素材混合）、「しろとり」（木材）が実施された。82年の新規企画も記録にはない。

中期にさしかかる83年には、愛知県内海町フォレストパークで「中日森の彫刻シンポジウム'83」と川崎市中原平和公園での「国際彫刻シンポジウム」が新規開催となる。どちらも身近な地域の公園造成にアーティストの参加で文化の香を漂わせようとするが、先発組は、自覚的に回数を増やしてゆく。84年には、年間開催数を8回記録するが、それだけ新企画も顔を出す。1回のみの単発型は、「阿蘇国際彫刻シンポジウム」（熊本県阿蘇町阿蘇いこいの村）と「大宮彫刻シンポジウム」（大宮市大宮駅西口）だが、2回で完結の「萩国際'84」や3回で終了の「中日森の彫刻シンポ'84」も加わる。また、85年は、それまで毎年開催の「岩手町国際石彫シンポジウム」が、齋藤忠誠の死去に伴い中止になる一方で、「大月町国際彫刻シンポジウム」（高知県大月町）と「岐阜現代彫刻シンポジウム」（岐阜市畜産センター）や「第1回播磨新宮石彫シンポジウム」が加わる。

86年の特徴は、2013年も含め毎年開催中の「彫刻村 in GUJYO '86」の開始と「岩手町国際石彫シンポジウム」の復活である。前者は、岐阜県郡上郡内で展開した木彫シンポジウムが、石川裕（現彫刻村村長）の尽力で1つの方向性を明確にした点、後者は1年間休止中の再検討後に復活という点を特筆できる。両者とも、その地域の造形・美術型の文化資源活用法を考えた形跡があり、実際に現在の地域のアイデンティティ形成に寄与しているからである。その他、2回目の「播磨新宮石彫シンポ」も含め、「盛岡」「釜沢」**4-7「八王子彫刻シンポジウム」**は、その開催回数と彫刻設置数の増加から、公共彫刻の役割を市民へ問いかける方向に歩を進めざるを得ず、時代の趨勢を垣間見る思いである。

後半の87年にも新企画が2件増加する。「白馬彫刻シンポジウム」と「国際鉄鋼彫刻シンポジウム—YAHATA87」★18である。後者は、日本では2度目の鉄材の彫刻シンポであり、内外10名の参加により鉄鋼不況の克服、鉄鋼の街の活性化を狙いとした。特に、8月から9月末までの間に制作し、新日鉄八幡製作所東田高炉記念広場に作品が展示されて反響を呼んだ。88年には、新規シンポが、5件登場する。トリエンナーレ方式の**4-8「石の里フェスティバル国際彫刻シンポジウム」（小林陸一郎〈旅人の碑〉と風景）**は、招待者とマケット入選者の2系列での現地制作で、香川県旧庵治町と旧牟礼町の交互開催の新形式で登場した。ビエンナーレ方式では、鳥取県米子市教育委員会主催の**4-9「'88米子彫刻シンポジウム」**★[19]が登場する。一方で、彫刻シンポの企画としては画期的な民間企画が実施されたのも特筆である。その名称とは裏腹に、1度も隔年型にならない東京都目黒区の長泉院附属現代彫刻美術館主催「現代彫刻美術館野外彫刻ビエンナーレシンポジウム」★[20]が長野県小県郡東部町から始まる。その他に「美濃加茂彫刻シンポジウム'88」(岐阜県美濃加茂市)★[21]や単年完結の「88那須彫刻シンポジウム」(栃木県那須町)が加わる。前者は、公募模型の選考委員の審査後、入選者が現地で公開制作の新企画である。毎年開催を原則とし、素材も複数選択可能、予め設置場所決定後の設置、作品の環境との調和や空間性の質的向上を志向という点で特筆である。89年に入ってもさらに新規参入が6件加わる。単年度完結の「せんだい国際彫刻シンポジウム'89」(宮城県仙台市)、「国際野外彫刻シンポジウム碧南」(愛知県碧南市)や、毎年継続の「石の道・いけだ彫刻シンポジウム'89」(大阪府池田市)★[22]、「富士見高原・創造の森国際シンポジウム」(長野県富士見市)、佐久地域10市町村で交互開催の「第1回佐久大理石彫刻家シンポジウム」(長野県佐久地区)★[23]、及びトリエンナーレ方式で招待者と模型入選者が公開制作に挑む**4-10「かさおか石彫シンポジウム」(岡山県笠岡市)「太陽の広場」**)★[24]が登場した。まるで80年代後半は、野外彫刻展同様に、バブル経済の泡のように無数の彩りを添えた。

4) 1990年代 (平成2年−平成11年)

90年代の年間開催場所は、前半では90年10箇所、91年17箇所、92年12個所で展開され、凸凹傾向を残しながらも確実に増加傾向を示した。93年は15、94年12、95年18、96年16箇所と増加あるいは横ばい傾向を示しながらも、後半には97年16、98年12箇所と減少し、ついに99年には劇的なまでに1桁台の8箇所迄に急減する。その急速な失速理由は、バブル経済の破綻と阪神淡路大震災の相互影響が最大要因といわれる。

年度別に分析してみると、年表の90年10件の開催数は、80年代後半と同傾向であるが、新規加入は都市整備公団主催の「パークヒルズ田原石彫シンポジウム」1件のみで、その他9件は、既存のものである。木彫系で5回目の「彫刻村 in GUJYO」、「岩手町」17回、「盛岡」16回、「釜沢」14

回の常連は回を重ねた。80年代後半登場の「美濃加茂」は3回目、ビエンナーレ型の「'90米子」や毎年開催の「石の道・いけだ彫刻シンポジウム」と「佐久大理石彫刻家シンポジウム」も、それぞれ2回目を迎えた。91年では、既存の彫刻シンポに80年代後半登場のビエンナーレ型やトリエンナーレ型の追加で17件を数えるが、破綻前のバブル経済に便乗するかのように新規企画も5件加わる。2012年まで毎年開催の「第1回石彫のつどい」(岐阜県中津川市)、1回完結の「菊池高原彫刻シンポジウム'91」(熊本県菊池市スコーレ菊地高原)や「大和・まほろば石彫国際シンポジウム」(茨城県大和村)の2件に、「第1回関ヶ原彫刻シンポジウム」(岐阜県関ヶ原町)、及び新タイプの4年に1回開催で木材限定の**4-11「いなみ国際木彫刻キャンプ」(旧富山県井波町=現南砺市井波)**企画がある。南砺市合併後の2013年現在も継続方針である。先発組では、文化として伝え残すことに意義を見出し、それぞれの回を重ねる。また、バブル期参加組では、トリエンナーレ型の「石の里フェスティバル彫刻シンポジウム'91」(2回目)、毎年開催の「美濃加茂」は4回、「石の道・いけだ」は3回、「佐久」は3回目を数え当初目標の完結を目指してゆく。92年では、木彫系で7回目の「彫刻村」の他10件は、石彫系彫刻シンポであった。19回「岩手町」、18回「盛岡」、16回「釜沢」、5回「美濃加茂」、4回目は「富士見高原」・「佐久」・「石の道いけだ」の3件が実施となり、「'92米子」は3回、3年目に変更の「第3回現代彫刻美術館野外彫刻ビエンナーレ」(群馬県草津町)、さらにトリエンナーレ型2回目の「かさおか石彫シンポジウム」が実施となる。

93年の15件は、木彫系では「彫刻村」が8回を数えるが、その他は石彫系である。開催回数順では、「岩手町」20回、「盛岡」19回、「釜沢」17回、隔年型の「八王子」も9回を数えた。毎年開催の「美濃加茂」6回、「石の道・いけだ」「富士見高原」「佐久」は5回を数え年中行事の感を与える。その他後発組の「石彫の集い」(岐阜県中津川市)とトリエンナーレ型標榜の「かさおか」(岡山県笠岡市)が、92年に引き続いて開催となり3回を数えた。単発型では米軍基地を払い下げ後の国営昭和公園で「立川国際彫刻シンポジウム」や兵庫県杜町の「やしろ星の彫刻国際彫刻シンポジウム」、同県村岡町の「村岡アートフォーラム」等が新規参入である。94年は、12件12箇所での開催になる。「岩手町」が21回、「盛岡」が20回を記念し、「釜沢」

は18回と定番のように実施されてゆく。「美濃加茂」7回、「富士見高原」と「石の道・いけだ」は6回を迎え、4回目は「米子」と「石彫のつどい」の2箇所で実施された。更に、3回目の「石の里フェスティバル」は、香川県庵治町で開催、2回目実施の「関ヶ原石彫シンポ」等の記録がある。

95年の18件は、木彫系では「彫刻村 in GUJYOU」が10回を記録し、4年に1回の富山県井波町の「いなみ国際木彫刻キャンプ」が2回目を迎えた。その他16箇所の開催は石彫系であり、新規登場も5件ある。2013年まで毎年継続で**4-12「十日町石彫シンポジウム」（新潟県十日町市）**が1回目を記録し、能登半島で3回開催の「七尾国際シンポジウム '95」も初回を迎え、沖縄県内で最初の沖縄県立芸術大学彫刻研究会による「伊良部石彫シンポジウム」や茨城県笠間市で実施の「ARTISTS' CAMP IN KASAMA '95」、及び「東条アートドキュメント」（兵庫県加東郡東条町）等の参加により、日本全国あらゆる地域で拡散的に展開される様相を呈する。当然、長期継続中の「岩手町」、「盛岡」、「釜沢」も回数を伸ばし、隔年継続の「八王子彫刻シンポジウム」は節目の10回で最終回を迎えた。その他も年表のとおり完結に向け回数の増加を確認し、さらには、96年に入ると15件15箇所で展開されることになる。

90年代後半の97年の特徴は、毎年開催の「美濃加茂彫刻シンポジウム」が10回目の最終回を迎えたこと、トリエンナーレ型の「かさおか石彫シンポ」は4年ぶりに4回目が開催された。北の砦岩手県内では「岩手町」「盛岡」のシンポジウムの他に、安比高原と岩手町沼宮内の「安比高原彫刻シンポジウム」「北緯40度シンポジウム」が加わり4回の実施、逆に最南端の沖縄県でも沖縄県立芸大彫刻専攻生による2箇所同時開催が確認される。「南大東石彫シンポジウム」（南大東島）と「KOUSAIJI 国際石彫シンポジウム」（与那原町供済寺）である。98年の12件は、「富士見高原創造の森国際石彫シンポジウム」と「石の道・いけだ彫刻シンポジウム '98」が10回節目の最終回を迎えたこと、「那須野が原彫刻シンポジウム」「美作国際大理石シンポジウム '98」などが加わった点が特筆に値する。99年に8回の激減開催数が2000年以降の傾向を示唆するが、長期継続地域の開催場所に感慨深いものを覚える。その他、不明な点は、まとめて年表での確認をお願いしたい。

5) 2000年以降

2013年12月現在、筆者が確認できる継続中の最長の彫刻シンポジウムは、39回を数えた「盛岡彫刻シンポジウム」である。木彫関連の彫刻シンポの最長は、現在岐阜県郡上市八幡町で継続開催の「彫刻村 in GUJYO」である。源流を溯れば、地元木材を彫刻素材に出発した1979年の「しろとり彫刻村」にたどり着くが、トータル数34年は毎年積み重ねたことになる。彫刻シンポジウムに限らず、野外彫刻展も含め、長期継続中の企画から言える1つの傾向は、作品の価値のみならず、事業を運動のように継続する営み自体を資源として発信していることに気付く点である。

21世紀の現在も継続中の彫刻シンポジウムでは、他に95年開始の「十日町石彫シンポジウム」（2014年の20回で終了予定）がある。バブル経済消滅後に立ち上がったこのシンポは、今では、後発アートプロジェクト「大地の芸術祭」と競合するかのように中山間地のアートによる理想郷作りに組み込まれ、十日町市政の文化政策事業として活性化への競合という感がある。また、「彫刻村」の他に木材を素材とする彫刻シンポでは、富山県南砺市合併後も名称を変更し開催を続ける「南砺市・いなみ国際木彫刻キャンプ」もある。さらに、1987年に「石の里フェスティバル」として開始の香川県旧庵治町・牟礼町の石彫シンポジウムは、2006年の第7回で終了したものの、2006年1月に高松市と合併後は、2009年より「瀬戸の都高松石彫トリエンナーレ」と名称を変えて継続している都市もある。

その一方では、2000年以降に終了を迎えた彫刻シンポジウムも多い。まず2001年には、瀬戸内北木島の白御影石を彫り続けた「かさおか石彫シンポジウム」も、21世紀の先頭を切って5回目の変則開催で終了した。1978年開催でその回数と期間の最長を誇っていた「岩手町国際彫刻シンポジウム」は、2003年に30回記念企画を実施し、その使命を終えている。同様に長期に渡り、新潟県長岡市南蛮山で地元の釜沢石を石材店の協力と石彫未経験教師の自由参加で、旧盆の3日間を彫り続けた「釜沢石彫シンポジウム」も2004年には自然消滅の形で「中止」している。また、バブル隆盛期開始で88年に第1回を記録する「米子彫刻シンポジウム」も2006年に10回を記録し終焉した。

ただ、文化史的に振り返ると、バブル終焉と相乗した阪神・淡路大震災の影響の背後に見える、野外彫刻展と彫刻シンポジウムの歴史的展開の相違には、前述の公開制作の性格という理由以外にも、面白いことが判別する。開催数の絶対数の対比の中で顕現する点である。阪神·淡路大震災直後の1996年以降2000年までを比較すると、前者は12回·8回·6回·7回·6回と97年以降は、確実に一桁台で推移し2000年では最低数の6回を記録する。その点後者は、15回·16回·12回·8回·9回と徐々に回数を減少させながら、99年に初めて、一桁台に突入する。この意味するところは、前者の野外彫刻展のほうが、バブル経済の影響を長期に渡り受け続け減少を余儀なくされ、阪神·淡路大震災で決定的に中止に向かわざるを得ない一方で、後者の彫刻シンポジウムが、野外展より元々開催絶対数が少ない企画にも拘わらず、2000年前後でも野外展より開催数の多さを誇った点である。

つまり、後者が、事業としての公金使用の莫大さにも拘わらず、支出する側の開催自治体や民間の芸術文化関連者には、彫刻シンポジウムの方に魅力を感じ建設的な意味を見出したと考えざるを得ないのである。従って、「盛岡彫刻シンポジウム」や「南砺市·いなみ国際木彫刻キャンプ」のように総合芸術運動と捉え、美術文化としての資源価値の高さを評価し、事業としてのアートプロジェクトという企画·実践事業自体に、地域社会が価値を見出したと考える。故に、美学·芸術学上の学問的意味や美術教育上の鑑賞比重増強の意味、及び文化資源と文化政策の未来までにも委託した経済界や政治の側の21世紀に向けた芸術文化の役割に期待する前向きな判断があったと考えるのが筆者の結論である。

3. 彫刻シンポジウムの到達点と果した役割

1963年日本最初の彫刻シンポジウムが実施されたが、2013年現在を終点とすればちょうど50年前である。その主旨に基づく企画が、野外彫刻展と相乗的に日本の公共空間に、作品を拡散させてきた。その結果、K.プラントルの目指した抽象彫刻の理解と彫刻家のアトリエから社会への解放、及びパブリックアートへの認識も一定程度進んだ。この3点が、50年間経過後の彫刻シンポジウムの軌跡を示す到達点である。但し、以下の項目別の部分的結果も、個別的ではあるが十分に輝かしい有効な到達点を示した。

1）目的

初期には、学生と若手彫刻家の研修的意味合いが強い。（霧が峰・小豆島・郡上八幡等）その後彫刻公園造り（帯広・諏訪湖・萩等）を目的化し、中期には街づくりや都市文化の創造を目指す自治体や作家が増加した。「芸術文化活動への積極的参加」「創造性豊かな潤いのある高い文化の街」（岩手町）、「彫刻のある街と市民文化の推進」（盛岡）、「生活の中に造形を」「文化都市松阪の具現化」（松阪）、「文化的香の高い景観や精神的潤いのある街」（美濃加茂）、「市民と芸術の交流を図りながら、彫刻のある街づくりを推進」（米子）のように図録や配布公文章でも判明する。つまり、後期になると単なる公園造成や景観創美的「街づくり」から、文化の底上げを狙いとする総合文化運動へと変遷するようになる。

2）場所と素材

開催場所は、石彫シンポの開催に合わせ砕石所近辺が多い。重い石材をそれほど移動せずに済むからである（舞鶴・霧が峰・小豆島等）。後に市民が参加しやすい公園や広場に会場を移す（八王子・松阪・萩・米子・仙台等）。素材との関係性が強く、木材は山間部の伐採地（郡上八幡・天竜近辺の空き地等）の近く、産業と直結の鉄材は、個人の鉄鋼アトリエで開催の「EXPO'70国際鉄鋼彫刻シンポジウム」や八幡製鉄所で開催の「国際鉄鋼シンポジウム――YAHATA87」と限定されてくるのも必然的で合理的理由がある。

3）主催・共催・後援等

公金支出増大の事業としてアートプロジェクトの色彩が濃くなると、その意図を市民参加やその有効性徹底のため、主催者の他に共催者や後援者が登場する。初期の主催は、新聞社や個人の呼びかけで始まり、石材会社等の後援・協力等の形態になる。素材が混合する例として岩手大学生関与の盛岡彫刻シンポジウム、三重大学研究室関与の「松阪彫刻シンポジウム」等があるが、前者は、初期のうちは学生や教員の教導的組織化、後者は、出発当初から商工会議所青年部等が実行委員会を組織化しその企画の社会的意義をバックアップした例である。

4）参加者人数・選抜法・関連イベント等

参加人数は、予算や主催者の目的などで様々である。最小が3人（美濃加茂）、最大で42人（第1回日本青年彫刻家シンポジウム）の記録がある。学生等の実習参加には若者が多いのは当然である。参加者の選抜方法は主に3種あり、主催者側からの呼びかけ、招待、主催者の公募である。呼びかけは、学生の実習・訓練等で見られた。招待は国際シンポに多く、公募には、マケットによるコンクール実施後に指名される形態が多い。また、「かさおか石彫シンポ」や「石の里フェスティバル」のように、公募と招待の併用企画もある。関連イベントは、地域住民に彫刻と地域文化や事業の意義への理解を求める傾向のものが多く、文化や街の在り方を考える機会を提供するものであった。具体的には、講演会・討論会の他、地元食材メインの立食パーティ、作家の小品展、林間彫刻教室、コンサート、写真展、親子造形教室等様々な生涯学習企画の多種多様な積極的実施が多い。生涯学習企画を組織化する市町村ほど長期継続の傾向を示した。また、市民が身近に参加可能の点で、野外彫刻展より彫刻シンポジウム企画の方に啓蒙性や学習性が高い傾向にある。

5）彫刻シンポジウムの果たした役割と意義

神奈川県真鶴の道無海岸で始まった日本最初の彫刻シンポジウムから2013年10月で50年が経過した。先行開始の野外彫刻展作品は、受賞作品でさえ展示空間近辺には残存しにくい傾向にあるが、地元産の石や木材を公開制作した彫刻シンポジウム作品は、その近辺の彫刻公園や街路や文化施設内に残存する傾向が高い。公開制作の性格と林間彫刻教室など生涯学習企画との併催で地元住民等に芸術文化を愛する美術ファンの育成を志向し、その意義の伝道が理解されやすい側面を持った。「帯広石彫シンポ」は、彫刻公園に、小豆島の「青年彫刻家シンポ」の作品は、福田港の石切り場より海岸線から沿道に繋がる作品が見られた。岩手町のように役場前の彫刻公園の成果を世に問い、自然環境と彫刻の共鳴的美観形成を目的に「石神の丘美術館」開館に進展させ、学芸員まで配属したところもある。

ただ一方では、設置石彫をそのまま野外空間に晒して続け、風化・劣化が進みメンテナンスもままならない作品保存の実情もある。日本の現代彫刻史を彩った石彫作品や著名現代彫刻家を多数輩出した営みが、作品の劣化により市民や国民の記憶から消え去りゆく危機感を感じる。現代日本の彫刻シンポジウムやアートシーンをリードしてきた著名彫刻家も次々と世を去る現状にあり、K. プラントルの理想は一定程度達成したが、21世紀の課題として作品と彫刻史上の営みを日本の文化資源として伝え残す使命があると考えるのは私一人だけではない。この文化資源化の課題を次代に接続し、その融合的価値を見出した点にこそ、これまでの日本的彫刻シンポジウムの最大の意義とも思える。この課題解決に参加すべきは、研究者としての文化資源関係者、文化政策関係者、美術教育者、そして実践の現場にいながら研究者と協働発信し続ける往還的探求者としての芸術支援者であり、その中核になるべき人が、生涯アートファンとしての一般市民と考える。

《注及び参考文献》

★1 松尾豊・後藤敏伸『第31回大学美術教育学会研究発表概要集』(1992) pp.24-25と口頭発表時に配布の《彫刻シンポジウムの歴史資料(平成4年9月現在)》
★2 後藤敏伸・松尾豊「彫刻シンポジウムの歴史と到達点(日本)」『富山大学教育学部研究紀要第43号』(1993) pp.13-22
★3 「緑の芝生に力作――彫刻シンポジウム野外展」(1963年10月5日、朝日新聞夕刊)
★4 柴田葵「世界近代彫刻シンポジウムの成立――東京オリンピックを背景とした野外彫刻運動の推進――」『文化資源学 第7号』(2009、文化資源学会)
★5 郡上八幡町教育委員会への調査依頼回答資料
★6 「第5回十勝御影石による石彫シンポジューム開催要項」や石彫シンポジウム1-4回分の比較一覧表等(帯広市役所)
★7 郡上八幡町教育委員会資料と高島顕先生からの手紙
★8 読売新聞昭和46(1971)年8月21日、及び中日新聞昭和48(1973)年6月27日と7月19日の記事
★9 「小豆島彫刻シンポジウム'72 資料その1」等、(小林陸一郎資料)
★10 『紀伊長島彫刻シンポジウム報告書』(三重県紀伊長島町)
★11 『彫刻公園のある町』(1993、岩手町教育委員会)
★12 「平成2年度岩手大学教育研究学内特別経費教育学部特設美術科調査研究報告書」『都市と環境造形』(1991、pp.27-47)、及び『彫刻のある街と市民文化の推進を願う1975-2007』、『第36回盛岡彫刻シンポジウム・錬兵場ギャラリー彫刻展/アートフェスタ』等、(2013年11月) 教育学部教授藁谷収の資料
★13 八王子市生活文化部、『彫刻のまちづくり』(1997、10月1日現在) の「2. 目的」
★14 前・新潟県立女子短期大学教授戸張公晴のB5・8枚の資料、及び「岐路に立つ『石彫の道』」(2008年5月17日、新潟日報朝刊)
★15 「諏訪湖国際彫刻シンポジウム開催要項」
★16 「地域における造形活動 そのI 石川裕」、「第2回 しろとり彫刻村」(開催主旨)、「第3回しろとり彫刻村参加申込書」、「しろとり彫刻村展」=いずれも石川裕氏からの資料
★17 『松坂彫刻シンポジウム 1979-1983 ――生活の中に造形を――』(1983、松阪青年会議所)
★18 福岡教育大学教授阿部守の報告書等
★19 米子市教育委員会「米子彫刻シンポジウム概要」と『'92米子彫刻シンポジウム参加作家作品展』、及び東京造形大学教授井田克己の電話回答(2013年10月)
★20 長泉院附属現代彫刻美術館郵送資料(「第4回現代彫刻美術館ビエンナーレシンポジウム」(2013年12月)、及び長野県上田市総務部情報課資料(2013年12月)
★21 (社) 美濃加茂青年会議所郵送資料(「美濃加茂彫刻シンポジウム'92応募要綱」と『清流と彫刻の街――第1回・第2回美濃加茂彫刻シンポジウム』(報告書)
★22 池田市市長室文化課、『石の道・いけだ彫刻シンポジウム'95』(1995)
★23 長野県御代田町都市計画課、『第4回長野県佐久大理石彫刻家シンポジウム』(1992)
★24 笠岡市産業商工観光課『かさおか石彫シンポジウム作品募集要項』(1989)、及び同経済観光活性課「岡山県笠岡市(かさおか石彫シンポジウム)」(2013年12月)

4-1「岩手町国際石彫シンポジウム」鶴谷恵三〈遠方へ〉

4-2「盛岡彫刻シンポジウム」内沢薫〈内在する風景〉

4-3「盛岡彫刻シンポジウム」四十四田公園制作風景

4-4「諏訪湖国際彫刻シンポジウム」設置作品

4-5「釜沢石彫シンポジウム」制作風景

4-6「釜沢石彫シンポジウム」戸張公晴〈南蛮の今昔〉

4-7「八王子彫刻シンポジウム」緒方良信〈水文〉

4-8「石の里フェスティバル国際彫刻シンポジウム」小林陸一郎〈旅人の碑〉

4-9「'88米子彫刻シンポジウム」須藤博志作品

4-10「かさおか石彫シンポジウム」能登原弘行〈コスミックリング〉

4-11「いなみ国際木彫刻キャンプ」制作風景

4-12「十日町石彫シンポジウム」松本工〈山風〉

＊写真は全て筆者が撮影したが、その後移設や
撤去の可能性がある

《年表II：彫刻シンポジウムの歴史（日本）》

開催年（月）	彫刻シンポジウム名	場所	備考
1960年代			
1963年7月1-9月30日	世界近代日本彫刻シンポジウム	神奈川県真鶴町真鶴道無海岸	主催：朝日新聞社、オルガナイザー水井康雄、公開新宿御苑
1966年7月	第1回霧が峰彫刻シンポジウム	長野県諏訪市入海鉄平石砕石所	横沢英一・丸山映・大成浩・高嶋文彦ら
1967年7月	第2回霧が峰彫刻シンポジウム	長野県諏訪市入海鉄平石砕石所	リーダー：横沢英一
1968年7月15-8月31日	第1回日本青年彫刻家シンポジウム（=石彫）	香川県小豆島内海町福田の石切り場	増田正和の呼びかけ、増田・山口牧生・小林陸一郎が企画
1969年7月	第2回日本青年彫刻家シンポジウム（=木彫）	秋田県田沢湖町田沢湖高原	秋田県彫刻家連盟主催：山口・増田・小林・辻弘らが参加
1969年9月-11月	国際鉄鋼彫刻シンポジウム（=鉄）	大阪府後藤鍛工特設アトリエ	EXPO '70、の後援で毎日新聞社主催、カール・プラントルら10人参加
1970年代			
1970年7月	郡上八幡青年彫刻家シンポジウム（=木彫）	岐阜県郡上八幡町上が洞英霊寺広場	遠藤利克・岡本勝利・鷲見吉直・高島顕ら
1970年8月	第1回十勝御影による石彫シンポジューム=第1回帯広石彫シンポ	北海道帯広市緑ヶ丘公園	中井延也・酒井信次・小島基弘・細井巌
1971年7月-8月	第1回天竜彫刻の村（=木彫、テラコッタ等）	静岡県天竜市長沢=上阿多古小永沢分校	「天竜美林」を彫る芸大・美大生の彫刻大学
1971年8月5日-30日	第2回郡上八幡青年木彫シンポジウム（仮称「木・彫・人」シンポジウム）	岐阜県郡上郡八幡町	赤松正治（武蔵野美術大学実技専修科3年）発起人で20数名参加
1971年8月	第2回十勝御影による彫刻シンポジューム	北海道帯広市緑ヶ丘公園	中井延也、横沢英一、三谷勲

開催年(月)	彫刻シンポジウム名	場所	備考
1972年7月23-9月10日	第2回天竜彫刻の村(定員:木彫12・石彫5人)	静岡県天竜市長沢=旧小学校(天竜会場)	中日新聞と天竜市共催の公募学校
1972年7月	第1回石徹白彫刻の村(大学生・一般20人)	岐阜県白鳥町石徹白高原(石徹白会場)	白鳥町教育委員会・中日新聞共催公募学校
1972年8月	小豆島彫刻シンポジウム'72(第1回)	香川県内海町福田	小林陸一郎、増田正和、山口牧生、山本哲三、小田襄ら
1972年7月-8月	第3回十勝御影による彫刻シンポジューム	北海道帯広市緑ヶ丘公園	中井延也、丸山映、大成浩、瀧徹ら7人
1973年7月1-9月30日	'73紀伊長島彫刻シンポジューム(1回目)	三重県紀伊長島町片上池周辺	第1回=5グループ25人の参加制作
1973年7月	小豆島彫刻シンポジウム'73(第2回)	香川県内海町福田砕石場	小林・増田・山口・酒井信次、土谷武、富樫一ら9人でグループ制作と受賞制誕生
1973年7月-9月	甲山森林公園石彫シンポジウム(第1回)	兵庫県西宮市甲山森林公園	兵庫県在住彫刻家:鹿間厚次郎、田中薫、新谷秀夫ら13人が大理石を彫り、公園内に設置
1973年7月-8月	第1回岩手町国際石彫シンポジウム	岩手県岩手町沼宮内	岩手町教育委員会・エコールド・エヌ(代表:斉藤忠誠)主催
1973年7月	第3回天竜彫刻の村	静岡県天竜市長沢=天竜会場	公募の彫刻学校=天竜市教委と新聞社共催
1973年7月	第2回いとしろ彫刻の村	岐阜県郡上郡白鳥町=石徹白(高原)会場	公募の彫刻学校=白鳥町教委と新聞共催
1973年7月21-9月5日	第4回十勝御影による石彫シンポジューム	北海道帯広市緑ヶ丘公園	中井・高嶋ら7人参加(最終回)
1974年7月	第4回天竜彫刻の村	静岡県天竜市	天竜会場
1974年7月	第3回いとしろ彫刻の村	岐阜県郡上郡白鳥町	いとしろ会場
1974年7月	第2回岩手町国際石彫シンポジウム	岩手県岩手町沼宮内	彫刻シンポジウム実行委員会主催:鈴木武右衛門らが参加
1975年7月-	第5回天竜彫刻の村	静岡県天竜市	夏季彫刻学校=最後
1975年7月-	第4回いとしろ彫刻の村	岐阜県郡上郡白鳥町	夏季彫刻学校

1975年7月-	第3回岩手町国際石彫シンポジウム	岩手県岩手町沼宮内	
1975年7月-	第1回盛岡彫刻シンポジウム	岩手県盛岡市:岩手大学構内石彫場	藁谷収、飴谷俊貴、加藤常明、新藤彰一ら
1975年	旭川市買物公園シンポジウム	旭川市買物公園=歩行者天国?	中井延也ら参加、その他不明
1976年7月-	第1回八王子彫刻シンポジウム	東京都八王子市富士森公園	八王子青年会議所主催;大成浩、中井延也、丸山映ら6人
1976年7月-	第5回いとしろ彫刻の村	岐阜県郡上郡白鳥町	開村5年目
1976年7月-	第4回岩手町国際石彫シンポジウム	岩手県岩手町	
1976年7月-	第2回盛岡彫刻シンポジウム	岩手県盛岡市岩手大学構内	岩手大の現役・OBを含む(素材=木と石)実在実習
1977年8月12-15日	第1回釜沢石彫シンポジウム	新潟県長岡市南蛮山(オーガナイザー:元井達夫)	8月の旧盆に3泊4日の積年制作、島津石材店の協力・指導
1977年7月-	第6回いとしろ彫刻の村	岐阜県白鳥町	
1977年7月-	第5回岩手町国際石彫シンポジウム	岩手県岩手町	
1977年7月-	第3回盛岡彫刻シンポジウム	盛岡市岩手大学構内	盛岡市と大学共催の開始、野外展開催、
1977年7月-	田沢湖木彫シンポジウム	秋田県田沢湖町	酒井信次他約10人の日本人作家参加
1978年7月-	第2回八王子彫刻シンポジウム	東京都八王子市富士森公園	八王子市彫刻シンポジウム実行委員会
1978年8月	第2回釜沢石彫シンポジウム	新潟県長岡市南蛮山	元井達夫・戸張公晴・関口らが参加
1978年?月	雲洞庵シンポジウム	新潟県塩沢町	竹股桂ら参加
1978年7月-	第7回いとしろ彫刻の村	岐阜県白鳥町	
1978年7月-	第6回岩手町国際石彫シンポジウム	岩手県岩手町沼宮内	
1978年7月-	第4回盛岡彫刻シンポジウム	盛岡市岩手大学構内	4回の都市空間ゼミナール開催、9月16日公開ゼミ33名参加
1978年9月1-10月31日	諏訪湖国際彫刻シンポジウム	長野県諏訪市諏訪湖畔(現在の石彫公園)	諏訪市主催:日本人14人、外人8人

開催年(月)	彫刻シンポジウム名	場所	備考
1979年7月-8月	第1回しろとり彫刻村	岐阜県郡上郡白鳥町大島	主催:白鳥町商工会・彫刻村運営委員会
1979年7月-	第1回松坂彫刻シンポジウム	三重県松阪市城址公園	参加:伊藤琢弥・清水将智・山本莞二ら
1979年8月1日-11月4日	岡崎・琉球島石彫シンポジウム	愛知県岡崎市八町南町琉球島	実行委員会主催;参加:八木ヨシオ、川上秀樹、用沢修、ノブコ・ウエダら
1979年7月-	第7回岩手町国際石彫シンポジウム	岩手県岩手町沼宮内	
1979年7月20日-8月31日	第5回盛岡彫刻シンポジウム	大学→玉山村城内姫神山麓石切り場&上堂東公園(共同制作)	盛岡市公園緑地課と大学で市内に彫刻設置、協賛石川石材
1979年8月の旧盆	第3回釜沢石彫シンポジウム	新潟県長岡市南蛮山	

1980年代

開催年(月)	彫刻シンポジウム名	場所	備考
1980年7月-	第2回しろとり彫刻村	岐阜県郡上郡白鳥町	
1980年	第8回岩手町国際石彫シンポジウム	岩手県岩手町沼宮内	
1980年7月-	第6回盛岡彫刻シンポジウム	岩手県岩手郡玉山村城内石切り場	八王子市長とメッセージ交換
1980年8月の旧盆3日間	第4回釜沢石彫シンポジウム	新潟県長岡市南蛮山	
1980年7月-8月	第3回八王子彫刻シンポジウム	東京都八王子市富士森公園(アートディレクター:大成浩)	八王子彫刻シンポジウム実行委員会主催;富樫一・鈴木徹(武右衛門)・関敏・水島道夫(日本人)、P.Aschenbach等5人
1980年7月12日-9月13日	'80紀伊長島町彫刻シンポジューム(2回目)	三重県紀伊長島町城ノ浜周辺	グループ制作し、2回で完結
1980年7月-	第2回松阪彫刻シンポジウム	三重県松阪市城址公園	
1981年7月	第3回しろとり彫刻村	岐阜県郡上郡白鳥町	
1981年7月	第9回岩手町国際石彫シンポジウム	岩手県岩手町沼宮内	
1981年7月	第7回盛岡彫刻シンポジウム	玉山村&盛岡市松園中央公園(共同制作)	

1981年8月の旧盆3日間	第4回釜沢石彫シンポジウム	新潟県長岡市南蛮山	
1981年7月	第3回松阪彫刻シンポジウム	三重県松阪市城址公園	
1981年9月-	萩国際彫刻シンポジウム(2回目)	山口県萩市堀内「指月西公園」	オルガナイザー:横沢英一、アートディレクター:田辺武
1982年7月-	第4回しろとり彫刻村	岐阜県郡上郡白鳥町	
1982年7月-	第10回岩手町国際石彫シンポジウム	岩手県岩手町	
1982年7月-	第8回盛岡彫刻シンポジウム	岩手県玉山村	
1982年8月	第6回釜沢石彫シンポジウム	新潟県長岡市南蛮山	
1982年7月-8月	第4回八王子彫刻シンポジウム	八王子市富士の森公園	ディレクター大成を含め6人で制作
1982年7月-	第4回松阪彫刻シンポジウム	三重県松阪市城址公園	
1982年7月-	第5回しろとり彫刻村	岐阜県郡上郡白鳥町	
1982年7月-	第11回岩手町国際石彫シンポジウム	岩手県岩手町	
1983年	第9回盛岡彫刻シンポジウム	岩手郡玉山村城内石切り場	協賛:石川石材
1983年8月	第7回釜沢石彫シンポジウム	新潟県長岡市南蛮山	
1983年	第5回松阪彫刻シンポジウム	三重県松阪市城址公園	最終回
1983年	中日の森彫刻シンポジウム'83(第1回)	愛知県内海フォーレストパーク	野外展から変更、6名の作家の42日間
1983年9月	川崎国際シンポジウム	神奈川県川崎市中平平和公園	単年完結
1984年	第6回しろとり彫刻村	岐阜県郡上郡白鳥町	
1984年	第12回岩手町国際石彫シンポジウム	岩手県岩手町	
1984年	第10回盛岡彫刻シンポジウム	岩手県岩手郡玉山村城内	協賛石川石材
1984年8月	第8回釜沢石彫シンポジウム	新潟県長岡市南蛮山	
1984年	中日森の彫刻シンポジウム'84	愛知県内海フォーレストパーク	2回目
1984年	萩国際彫刻シンポジウム'84	山口県萩市	2回目で完結

開催年(月)	彫刻シンポジウム名	場所	備考
1984年7月-8月	第5回八王子町国シンポジウム	東京都八王子市	増田正和ら4人参加、市内に設置
1984年7月-8月	阿蘇国際彫刻シンポジウム	熊本県阿蘇市いこいの村	阿蘇国立公園指定50周年事業、選考委員長:本田貴侶
1984年	大宮彫刻シンポジウム1984	埼玉県大宮市大宮駅西口あるてぽりす	あるてぽりす大宮'84実行委員会(高岡典男実行委員長)8人
1985年	第7回いとしろ彫刻村	岐阜県郡上郡白鳥町	
1985年	第11回盛岡彫刻シンポジウム	岩手県岩手郡玉山村城内	協賛石川石材
1985年8月の旧盆時	第9回釜沢石彫シンポジウム	新潟県長岡市南蛮山	
1985年	中日森の彫刻シンポジウム'75	愛知県内海フォーレストパーク	3回目
1985年8月	大月町国際彫刻シンポジウム	高知県大月町姫の井	
1985年	岐阜現代彫刻シンポジウム1985	岐阜市畜産センターサンデー広場	
1985年8月-	第1回播磨新宮石彫シンポジウム	兵庫県播磨市西播磨文化会館	牛尾啓三ら4人参加
1986年	彫刻村 in GUJYO'86	岐阜県郡上郡八幡町	第1回目
1986年	第13回岩手町国際石彫シンポジウム	岩手県岩手町	
1986年	第12回盛岡彫刻シンポジウム	岩手県岩手郡玉山村城内	盛岡彫刻シンポジウム実行委員会代表:藁谷収;協賛;石川石材
1986年8月	第10回釜沢石彫シンポジウム	新潟県長岡市南蛮山	
1986年	第6回八王子彫刻シンポジウム	八王子市富士森公園(大成浩アートディレクター)	山口牧夫・手塚登久雄・大木達美
1986年8-9月	第2回播磨新宮石彫シンポジウム	兵庫県立西播磨文化会館新宮町	「みんなで創る文化」実行委員会
1987年	彫刻村 in GUJYO'87	岐阜県郡上郡八幡町	2回目
1987年	第14回岩手町国際石彫シンポジウム	岩手郡岩手町	

1987年7-8月	第13回盛岡彫刻シンポジウム	岩手郡玉山村城内石川工業所	石川石材協賛;中本・松川善光ら6人
1987年8月	第11回釜沢石彫シンポジウム	新潟県長岡市	
1987年	第3回播磨新宮石彫シンポジウム	兵庫県立西播磨文化会館新宮町	「みんなで創る文化」実行委員会
1987年8月-9月末	国際鉄鋼シンポジウムYAHATA87	福岡県北九州市八幡東区	内外10名の参加、東田高炉記念広場展示
1987年	白馬'87野外彫刻シンポジウム	長野県白馬村	白馬87野外彫刻シンポジウム実行委員会;白馬村内設置
1987年5月-	第1回石の里フェスティバル国際彫刻シンポジウム	香川県庵治町(現高松市)	石の里フェスティバル実行委員会:(庵治町⇔牟礼町)、日本9・外人3名)
1988年7月-	美濃加茂彫刻シンポジウム'88(1回目)	岐阜県美濃加茂市大縄手公園	美濃加茂彫刻シンポジウム実行委員会;素材複合可能、模型審査→現地制作
1988年7月19-8月31日(45日間)	'88米子彫刻シンポジウム(1回目)	鳥取県米子市港山公園児童文化センター付近	第1回目5人参加:ビエンナーレ型、主管:教育委員会社会教育課、8356000円
1988年7月-	'88那須彫刻シンポジウム	栃木県那須町友愛の森(樋口正一郎他、那須町内在住、ゆかりの芸術家)	那須高原友愛の落成記念事業=単年完結;木彫7点・石彫13点設置
1988年7月25日-9月10日	第1回現代彫刻美術館野外彫刻ビエンナーレシンポジウムあさま彫刻展	長野県小県郡東部町新張横堰(現東御市)	主催:長泉院現代彫刻美術館(東京都目黒区)、下川昭宣・鈴木徹ら6人参加
1988年	彫刻村 in GUJYO'88	岐阜県郡上郡八幡町	3回目
1988年	第15回岩手町国際石彫シンポジウム	岩手郡岩手町	
1988年	第14回盛岡彫刻シンポジウム	岩手郡玉山村城内	石川石材協賛
1988年8月	第12回釜沢石彫シンポジウム	新潟県長岡市南蛮山	
1988年	第7回八王子彫刻シンポジウム	八王子市(アートディレクター大成浩)	五十嵐芳三・新妻實・酒井良ら4人

開催年(月)	彫刻シンポジウム名	場所	備考
1989年7月-8月	石の道・いけだ彫刻シンポジウム'89(1回目)	大阪府池田市五月山公園(選考委員:高橋亨・増田正和・浮川秀信)	池田市主催;毎年開催で「能瀬黒石」を10年間継続、公開制作後市内設置
1989年7月	せんだい国際彫刻シンポジウム'89	宮城県仙台市七北田公園	市制100周年記念の単年完結、伊達冠石
1989年8月1-31日	かさおか石彫シンポジウム(コーディネーター五十嵐晴夫)	岡山県笠岡市北木島大浦地区(第1回)	石彫シンポ実行委員会:北木島の北木石使用後市内設置
1989年7月16-8月27日	国際野外彫刻シンポジウム碧南	愛知県碧南市碧南緑地	単年完結、主催:碧南市・教育委員会等
1989年9月1日-10月31日	第1回富士見高原創造の森 国際彫刻シンポジウム	長野県諏訪郡富士見町境境広原(おまつり広場)	10年間開催の「ふるさと創生事業」;毎年5人の作家が彫刻
1989年7月	第1回佐久大理石彫刻家シンポジウム	長野県南佐久郡相木村	毎年開催、主催:長野県南佐久郡町村会
1989年7月25日-9月10日	第2回現代彫刻美術館野外彫刻ビエンナーレシンポジウム上田市制70周年記念展	長野県上田市市民の森公園 *上田市に依頼され隔年にならず	長泉院付属現代彫刻美術館主催、小林亮介・寺田栄・峯田義郎・渡辺隆根ら8人
1989年	第2回美濃加茂彫刻シンポジウム'89	岐阜県美濃加茂市市営前平公園	美濃加茂シンポ実行委員会主催=主管:美濃加茂青年会議所
1989年	彫刻村 in GUJYO'89	岐阜県郡上郡八幡町	4回目
1989年8月	第13回釜沢石彫シンポジウム	新潟県長岡市南蛮山	
1989年	第15回盛岡彫刻シンポジウム	岩手県盛岡市四十四田公園	
1989年	第16回岩手町国際石彫シンポジウム	岩手県岩手町	

1990年代

開催年(月)	彫刻シンポジウム名	場所	備考
1990年	彫刻村 in GUJYO'90	岐阜県郡上郡八幡町	5回目
1990年	第17回岩手町国際石彫シンポジウム	岩手県岩手町	
1990年	第16回盛岡彫刻シンポジウム	盛岡市四十四田公園	
1990年	第14回釜沢石彫シンポジウム	新潟県長岡市南蛮山	

1990年	第3回美濃加茂彫刻シンポジウム'90	岐阜県美濃加茂市市営前平公園	'90実行委員会
1990年7月29日-8月31日	'90米子彫刻シンポジウム	鳥取県米子市	2回目:経費9272000円、参加作家4人
1990年	第2回石の道・いけだ彫刻シンポジウム'90	大阪府池田市五月山公園	主催:池田市;選考委員:高橋亨
1990年	第2回佐久大理石彫刻家シンポジウム	長野県佐久郡小海町松原湖高原	佐久産大理石を岩間弘ら9人で公開制作
1990年8月20日-10月19日	第2回富士見高原創造の森国際彫刻シンポジウム	長野県諏訪郡富士見町境広原(おまつり広場)	毎年10年間開催の2年目
1990年	パークヒルズ田原石彫シンポジウム	大阪府四條畷市田原台(関西学術都市)	都市整備公団・四条畷市共催=単年完結
1991年	彫刻村 in GUJYO '91	岐阜県郡上郡八幡町	6回目
1991年	第18回岩手町国際石彫シンポジウム	岩手県岩手町	
1991年	第16回盛岡彫刻シンポジウム	盛岡市四十四田公園	
1991年	第15回釜沢石彫シンポジウム	新潟県長岡市南蛮山	
1991年	第8回八王子彫刻シンポジウム	八王子市富士森公園	藁谷収・高島文彦・ドイツ人の3人参加
1991年7月-	'91小豆島国際石彫シンポジウム	香川県小豆島内海町福田	内海町合併40周年記念事業;町内設置
1991年8月	第1回石彫のつどい	岐阜県中津川市蛭川地内	石彫のつどい実行委員会;25人参加
1991年	石の里フェスティバル彫刻シンポジウム'91	香川県牟礼町与一公園	トリエンナーレで2回目
1991年	第4回美濃加茂彫刻シンポジウム'91	岐阜県美濃加茂市営前平公園多目的広場	'91実行委員会
1991年7-8月	石の道・いけだ彫刻シンポジウム'91	大阪府池田市五月山公園	第3回目:小林陸一郎ら5人参加
1991年7-9月	第3回佐久大理石彫刻家シンポジウム	長野県南佐久郡小海長松原湖高原	小林陸一郎・小林亮介・横山徹ら10人
1991年8月-	笠岡石彫シンポジウム	岡山県笠岡市内	笠岡石彫彫刻シンポジウムに15人参加
1991年	第1回関ケ原彫刻シンポジウム	岐阜県不破郡関ケ原町	主催:関が原町、協賛関が原石材
1991年	菊地高原彫刻シンポジウム'91	熊本県菊池市スコーレ菊地高原	

開催年（月）	彫刻シンポジウム名	場所	備考
1991年3月10日-4月18日	大和・まほろば石彫国際シンポジウム	茨城県真壁郡大和村大曽根	主催：大和・まほろば石彫国際シンポジウム実行委員会
1991年7月22日-8月10日	いなみ国際木彫刻キャンプ '91（1回目）	富山県井波町閑乗寺公園	国際木彫刻キャンプ実行委員会
1991年8月20-10月19日	第3回富士見高原創造の森国際彫刻シンポジウム	長野県諏訪郡富士見町境広原（おまつり広場）	10年間開催予定の3年目
1992年	彫刻村 in GUJYO '92	岐阜県郡上郡八幡町	7回目
1992年	第19回岩手町国際石彫シンポジウム	岩手県岩手町	19回目
1992年	第18回盛岡彫刻シンポジウム	盛岡市四十四田公園	18回目
1992年8月	第16回釜沢石彫シンポジウム	新潟県長岡市南蛮山	16回目
1992年7月22-9月2日	第4回佐久大理石彫刻シンポジウム	長野県北佐久郡御代田町雪窓公園	郷晃・楨渉ら10人で10市町村に各1点
1992年7月25日-9月10日	第3回現代彫刻美術館野外彫刻ビエンナーレシンポジウム草津静可山展	群馬県草津町草津静山（スキーポート・シズカ）	主催：長泉院現代彫刻美術館；小林陸一郎・菅原二郎・田中康二郎ら9人参加
1992年7月-8月	'92米子彫刻シンポジウム（3回目）	米子市港山公園児童文化センター	参加作家4人、経費：1100万円
1992年	美濃加茂彫刻シンポジウム'92	岐阜県美濃加茂市営前平公園多目的広場	5回目
1992年8月1日-31日	かさおか石彫シンポジウム'92	岡山県笠岡市十一番町緑道公園	トリエンナーレの2回目、マケット入選者と招待者の2形態
1992年	石の道・いけだ彫刻シンポジウム'92	大阪府池田市	4回目
1992年8月20日-10月18日	第4回富士見高原創造の森国際彫刻シンポジウム	長野県諏訪郡富士見町境広原（おまつり広場）	4回目
1992年	第2回石彫のつどい	岐阜県中津川市	
1993年	第5回佐久大理石彫刻家シンポジウム	長野県佐久市	渡辺隆根・斉藤徹ら6人余
1993年	石の道・いけだ彫刻シンポジウム'93	大阪府池田市	5回目
1993年	美濃加茂彫刻シンポジウム'93	岐阜県美濃加茂市営前平公園多目的広場	6回目

1993年	富士見高原創造の森国際彫刻シンポジウム	長野県諏訪郡富士見町	5年目
1993年	第20回岩手町国際石彫シンポジウム	岩手県岩手町	
1993年	第19回盛岡彫刻シンポジウム	盛岡市四十四田公園	
1993年	第17回釜沢石彫シンポジウム	新潟県長岡市南蛮山	
1993年	第9回八王子彫刻シンポジウム	八王子市富士森公園	主催：実行委員会と（財）八王子コミュニティ振興会など
1993年8月	第3回石彫のつどい	岐阜県中津川市蛭川	
1993年8月1日-10月31日	かさおか石彫シンポジウム'93	岡山県笠岡市緑町浄化場跡地	岡本勝利・荻野弘一・槙坂渉ら13人（3回目）
1993年	立川国際彫刻シンポジウム	東京都立川市国営昭和記念公園	国営昭和記念公園開園10周年記念事業
1993年4-5月	やしろ星の彫刻国際彫刻シンポジウム	兵庫県杜町	主催；社町やしろ星の彫刻国際シンポジウム
1993年	彫刻村 in GUJYO'93	岐阜県郡上郡八幡町	8回目
1993年	村岡アートフォーラム	兵庫県美方郡村岡町	村岡町教育委員会
1993年	第1回あぶくまストーン・コンベンション	福島県飯館村	センターパーク美土里に3人の作品設置
1994年	彫刻村 in GUJYO'94	岐阜県郡上郡八幡町	9回目
1994年	第21回岩手国際石彫シンポジウム	岩手県岩手町	
1994年	第20回盛岡彫刻シンポジウム	盛岡市四十四田公園	全員で大理石を彫る
1994年	第18回釜沢石彫シンポジウム	新潟県長岡市南蛮山	
1994年	美濃加茂彫刻シンポジウム'94	岐阜県美濃加茂市大縄手公園	7回目
1994年	石の道・いけだ彫刻シンポジウム'94	大阪府池田市	6回目
1994年	富士見高原創造の森国際彫刻シンポジウム	長野県諏訪郡富士見町	6回目
1994年	'94米子彫刻シンポジウム	鳥取県米子市	4回目
1994年	第4回石彫のつどい	岐阜県中津川市	
1994年5月-6月	第3回石の里フェスティバル1994	香川県庵治町城岬公園	石の里フェスティバル運営委員会

開催年(月)	彫刻シンポジウム名	場所	備考
1994年	第2回関ケ原石彫シンポジウム	岐阜県不破郡関ケ原町	ディレクター大成含め、4人が参加
1994年	第2回あぶくまストーン・コンベンション	福島県飯舘村	新谷一郎・高田大・加治晋3人参加
1995年	彫刻村 in GUJYO'95	岐阜県郡上市	10回目
1995年	第10回八王子彫刻シンポジウム	八王子市富士森公園	主催:実行委員会と(財)八王子市コミュニティ振興会等
1995年	第22回岩手町国際石彫シンポジウム	岩手県岩手町	
1995年	第21回盛岡彫刻シンポジウム	盛岡市	20回以降、公開制作は隔年で実施
1995年	第19回釜沢石彫シンポジウム	新潟県長岡市南蛮山	
1995年	美濃加茂彫刻シンポジウム'95	岐阜県美濃加茂市みのかも文化の森	8回目
1995年	石の道・いけだ彫刻シンポジウム'95	大阪府池田市五月山公園	7回目
1995年	富士見高原創造の森国際彫刻シンポジウム	長野県富士見町	7回目
1995年	第5回石彫のつどい	岐阜県中津川市	
1995年	第3回あぶくまストーンコンベンション	福島県飯館村	竹股桂・野崎窮・斉藤徹の3人参加
1995年	いなみ国際木彫刻キャンプ'95	富山県井波町閑乗寺公園	4年に1回開催の第2回目
1995年7-8月	第1回十日町石彫シンポジウム	十日町市総合体育館北川広場	十日町石彫シンポジウム実行委員会
1995年7-9月	七尾国際石彫シンポジウム'95(1回目)	石川県七尾市小丸山公園	主催七尾市;外人5人と吉田昇ら計5人
1995年7-8月	伊良部石彫シンポジウム(1)	沖縄県伊良部町	沖縄県立芸大彫刻専攻研究会6人参加
1995年7-8月	ARTISTS' CAMP in KASAMA '95	茨城県笠間市	笠間市稲田御影石野外石彫制作展実行委員会　29人参加
1995年7-8月	西播磨石彫シンポジウム	兵庫県西播磨新宮町、西播磨文化会館	西播磨石彫シンポジウム実行委員会
1995年7-9月	東条アートドキュメント95	兵庫県加東郡東条町	東条アートドキュメント95実行委員会

1995年7月25日-9月10日	第4回現代彫刻美術館野外彫刻美術館ビエンナーレシンポジウム草津高原展	群馬県草津町草津静山(スキーポート・シズカ)	主催:長泉院附属現代彫刻美術館;最終回、峯田敏郎・中井延也・空充秋ら6人
1996年	彫刻村 in GUJYO '96	岐阜県郡上郡八幡町	11回目
1996年	第23回岩手町国際石彫シンポジウム	岩手県岩手町	
1996年	第22回盛岡彫刻シンポジウム	盛岡市四十四田公園と大ヶ生	雫石の安山岩使用、四十四田会場の最後
1996年	第20回釜沢石彫シンポジウム	新潟県長岡市南蛮山	
1996年	美濃加茂彫刻シンポジウム'96	岐阜県美濃加茂市みのかも文化の森	9回目
1996年	富士見高原創造の森国際彫刻シンポジウム	長野県富士見町	第8回
1996年	石の道・いけだ彫刻シンポジウム'96	大阪府池田	8回目
1996年	'96米子彫刻シンポジウム	鳥取県米子市港山公園	5回目
1996年7-8月	第6回石彫のつどい	岐阜県中津川市	石彫のつどい実行委員会主催
1996年7-8月	七尾国際彫刻シンポジウム'96	石川県七尾市小丸山公園	2回目
1996年	ARTIS' CAMP in KASAMA '96	茨城県笠間市	2回目
1996年7-8月	第2回十日町彫刻シンポジウム	新潟県十日町市	石彫シンポ実行委員会
1996年8月	伊良部石彫シンポジウム(2)	沖縄県伊良部町	沖縄県立芸大彫刻専攻現代彫刻研究会
1996年8-9月	奄美石彫シンポジウム	鹿児島県名瀬市	沖縄県立芸大彫刻専攻現代彫刻研究会
1996年	神戸芸術村 Artist Camp '96	神戸市内7箇所	主催:神戸ふれあいの祭典、神戸市など
1997年	彫刻村 in GUJYO '97	岐阜県郡上郡八幡町	12回目
1997年	第24回岩手町国際石彫シンポジウム	岩手県岩手町	
1997年	第23回盛岡彫刻シンポジウム	盛岡市大ヶ生	津志田近隣公園のモニュメント制作
1997年	第21回釜沢石彫シンポジウム	新潟県長岡市南蛮山	
1997年	美濃加茂彫刻シンポジウム'97	岐阜県美濃加茂市美濃加茂健康の森	10回目(最終回)

開催年(月)	彫刻シンポジウム名	場所	備考
1997年	富士見高原創造の森国際彫刻シンポジウム	長野県諏訪郡富士見町	9回目
1997年	石の道・いけだ彫刻シンポジウム'97	大阪府池田市	9回目
1997年	第7回石彫のつどい	岐阜県中津川市	
1997年7月20日-8月31日	かさおか石彫シンポジウム'97	笠岡市北木島千の浜(2001年の第5回で終了)	第4回=29901827円決算
1997年7-8月	第3回十日町石彫シンポジウム	新潟県十日町市総合体育館	
1997年7-8月	第3回七尾国際石彫シンポジウム'97	石川県七尾市小丸山公園	(最終回?)
1997年7-8月	Artists' Camp in KASAMA(3回目)	茨城県笠間市営鷹庄町	笠間市稲田御影石石彫制作実行委員会
1997年7-8月	安比高原彫刻シンポジウム	岩手県安代町松尾村	安比高原ペンションビレッジ
1997年9月	北緯40度シンポジウム	岩手県岩手町沼宮内	片桐宏典ら多数参加
1997年9月	南大東石彫シンポジウム	沖縄県南大東島	沖縄県立芸大彫刻専攻現代彫刻研究会
1997年9月	KOUSAIJI国際石彫シンポジウム	沖縄県与那原町供済寺	沖縄県立芸大彫刻専攻現代彫刻研究会
1998年	彫刻村in GUJYO'98	岐阜県郡上郡八幡町	13回目
1998年	第25回岩手町国際石彫シンポジウム	岩手県岩手町	
1998年	第24回盛岡彫刻シンポジウム	盛岡市四十四田公園	
1998年	第22回釜沢石彫シンポジウム	新潟県長岡市南蛮山	
1998年	富士見高原創造の森国際石彫シンポジウム	長野県諏訪郡富士見町	第10回(最終回)
1998年	石の道・いけだ彫刻シンポジウム'88	大阪府池田市五月山公園	第10回(最終回)
1998年	'98米子彫刻シンポジウム	鳥取県米子市港山公園	6回目
1998年	第8回石彫のつどい	岐阜県中津川市	
1998年	第4回十日町石彫シンポジウム	新潟県十日町市	
1998年	那須野が原彫刻シンポジウム	栃木県大田原市ふれあいの丘	実行委員会、大田原市、日原公大ら10人

1998年7-8月	美祢国際大理石シンポジウム'98	山口県美祢市美作ニュータウン来福台	国際大理石シンポ実行委員会
1998年7-8月	第2回安比高原彫刻シンポジウム	岩手県安代町松尾村安比高原ペンションビレッジ	推進協議会：アートディレクター大成浩・藁谷収
1999年	彫刻村 in GUJYO '99	岐阜県郡上郡八幡町	14回目の木彫シンポ
1999年	いなみ国際木彫刻キャンプ'99	富山県砺波郡井波町	3回目の木材のみの彫刻シンポジウム
1999年	第26回岩手町国際石彫シンポジウム	岩手県岩手町五日市国民文化祭石彫会場	共催文化庁・岩手県教育委員会・岩手町
1999年	第25回盛岡彫刻シンポジウム	盛岡市大ヶ生	公開制作
1999年	第23回釜沢石彫シンポジウム	新潟県長岡市南蛮山	南蛮山での公開制作の最後
1999年	第9回石彫のつどい	岐阜県中津川市	
1999年	第5回十日町石彫シンポジウム	新潟県十日町市総合体育館横	
1999年	西播磨国際彫刻シンポジウム	兵庫県相生市	牛尾啓三とイスラエル人含む3人

2000年代

2000年	彫刻村 in GUJYO 2000	岐阜県郡上市	2013年現在も継続中
2000年	第27回岩手町国際石彫シンポジウム	岩手県岩手町	2003年の30回で終了
2000年	第26回盛岡彫刻シンポジウム	盛岡市	現在も形を変えて継続長
2000年	第24回釜沢石彫シンポジウム	長岡市国営丘陵公園鈴木造園ファーム？（南蛮山から移動）	2004年以降は中越地震で中止。その後自然消滅
2000年	第10回石彫のつどい	岐阜県中津川市	2012年で「終了」
2000年	第6回十日町石彫シンポジウム	新潟県十日町市	2014年第20回をもって終了の見込み
2000年	2000米子彫刻シンポジウム（6回目）	鳥取県米子市	2008年の10回で終了
2000年	第5回石の里フェスティバル彫刻シンポジウム2000	香川県牟礼町	2006年の高松市合併の7回で終了も2009年より別称で開催
2000年	第3回関ケ原石彫シンポジウム	岐阜県関ケ原町	関が原の合戦400年の記念事業

＊年表の表記は、筆者のこれまでの研究資料と東京造形大学准教授藤井匡·同大教授井田勝巳両氏の提供資料、及びK.プラントル85歳の誕生記念誌『ARIGATO PRATL SAN 2008』(東京カラー印刷)を基礎にし、筆者松尾が2013年12月末日現在迄に取材した最新資料を加えたものである。
＊この年表は、西暦順の表記にしたが、月日は必ずしも早いもの順ではない。
＊備考欄は、筆者の覚書程度の内容で限定項目ではない。また、空欄は、重複を避ける場合と不明で未記入の場合がある。
＊年表に登場の全ての企画や作品の確認は不可能であるため事実誤認が生じる場合がある。ご一報いただけたら幸いです。

「彫刻のある街づくり」の展開と到達点

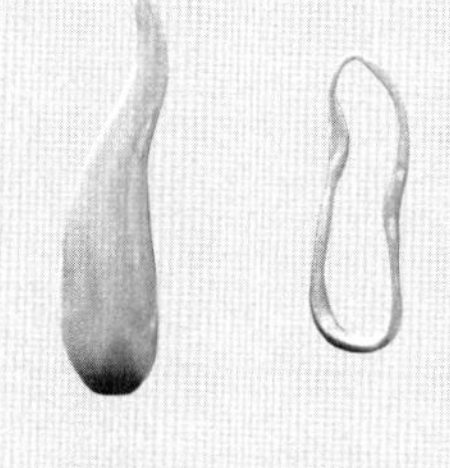

PUBLIC ART

1.「彫刻のある街づくり」の歴史的変遷と地理的広がり

1989（平成元）年11月、大学美術教育学会で「彫刻のある街づくり」事業に関する口頭発表を行った。しかし当時は、パブリックアート用語が、大学関係者の間でさえ殆ど知られていなかった。7年後にも、同一テーマの96年バージョンとして、島根県松江市の第36回大会で、その後の調査と変遷を追った研究発表を追加した。その頃には、自治体や美術関係者の間でパブリックアート用語が囁かれるようになっていた。その間のバブル経済を背景に、野外彫刻展や彫刻シンポジウム等を通じた公共空間への彫刻設置自治体が急増し、その目的や収集方法や主管部局等の有様が試され、否応なく本質的なパブリックアート論議の必要性が、研究者のみならず市民と自治体側からも叫ばれる背景も誕生した。この章は、拙稿「『彫刻のある街づくり』にみる現状と諸問題」★1に近年のデータを加え、改めて整理し直すことで日本におけるパブリックアート概念成立に関する基礎資料の提供を目的にする。

従って、これまで曖昧に語られてきた「彫刻のある街づくり」（以降「街づくり」に省略）は、次のように定義しておきたい。「自治体が、街づくりを自覚的に意識し、何らかの形で彫刻や立体造形を収集し、主として屋外または野外空間に計画的に設置、公開する事業」と。（但し、収集・保管場所は、屋内の公共施設を含む場合が多い）

その歴史的経過と広がりをたどれば、「街づくり」を日本で最初に推進した自治体は、山口県宇部市と特定できる。主として全国公募の野外彫刻展での受賞作を常盤公園等に設置し出す。少し遅れて、神戸市も全国公募の野外彫刻展による作品収集を「ミュージアムシティ神戸」構想により具現化し、やがて全国最多の作品収集都市になる。1970年以降には、「街づくり」の著名都市が次々と彫刻設置事業に乗り出す。70（昭和45）年北海道旭川市が、中原悌二郎賞の制定と1972年開始の全国最初の歩行者天国への彫刻設置、1973年開始の長野市も長野市野外彫刻賞制定による過年度秀作の「買上げ賞」を設置し出す。同年には、岩手県岩手町の地元産御影石を公開制作する「岩手町国際石彫シンポジウム」による石彫作品の収集展示が始まる。同様に八王子市も1976（同51）年から近辺の美術系大学の協力で石彫シンポジウムによる作品収集を開始する。1977（同52）年からは、現場主義の「杜と彫刻事業」を仙台市がスタートさせ、1年に1点ずつ設置をしてゆく。1978（同53）年からは、高岡市が、地元地場産業活用型の「芸術の森」構想に基づき古城公園をブロンズの杜に変えてゆく。

80年代（昭和55年以降）には、より急激に「街づくり」自治体が増加する。その取得形態や設置空間志向は様々だが、81（昭和56）年名古屋市、83年碧南市・福岡市、85年荒川区、86年姫路市、87年福島市・神奈川県藤野町（現相模原市緑区）、1989年足立区等が、次々と「街づくり」構想を打ち出し彫刻設置事業を開始する。中でも「神奈川方式」がその独自性で注目された。神奈川県と藤野町の共同提案「ふるさと芸術村」構想や同県と秦野市や小田原市等と共催によるトリエンナーレ型野外彫刻展の彫刻取得方法の採用で、当時としては先進的な「街づくり」に踏み込んだからである。また、80年代後半から90年代前半の平成2年以降にかけての野外彫刻展や彫刻シンポジウム数の飛躍的増加は、年表でもその数の分だけ「街づくり」自治体が急増し、パブリックアート用語の浸透の深化としても理解できる。90年代、つまり平成2年以降も、90年甲府市、91年笠岡市、94年能生町（現糸魚川市能生）等も出現し、地方都市への更なる拡散的展開が判明する。

いずれの場合も、公共空間における彫刻設置事業を通じた自治体の「まち起こし型」地域活性化事業に組込まれていた現実がある。その継続・定着を目指す自治体ほど、彫刻教室や写真コンクールなどの芸術文化に関する普及活動を同時進行的に併催することで、生涯学習をキーワードに、単なるパブリックアート事業から芸術文化の価値の伝道的方向へ自覚的誘導を図り、その文化資源化に成功している。

2. パブリックアート事業の20世紀的到達点

全国の自治体のかなりの数が「街づくり」事業の途中から「アートプロジェクト」の出現で「パブリックアート事業」や「パブリックアート政策」に進化し、その検証途上の「市民参加」や「アートの公共性」等の声を背景に、学術的価値を高める方向へ舵を切った経緯がある。その到達点や必然性理解のために、現段階でも有効な検証視点で分析し、パブリックアート用語の移入・

認知·普及·定着過程をまとめたい。

1）目的

かつての「街づくり」事業推進は、自治体の公金支出増大化や出発時期の遅発があればあるほど、その事業の基本構想や野外彫刻展や彫刻シンポジウムなどの趣意書の中で目的を成文化した自治体が多かった。その一方で、彫刻マップや作品の図録を所有しても、成文化された目的の不明自治体も相変わらず存在した。筆者が入手した自治体公文章の中から「街づくり」の目的を類型化すると、以下の４つの創造とでもいうべき点で分類可能である。しかし、現実は複合化していたことが多かった。

（1）都市景観美の創造

宇部市や神戸市の「街づくり」の目的も、野外彫刻展での作品取得企画は、ほぼこれに相当すると考えられる。長野市は「快適な都市空間作り」★2を謳うが、八王子市の「都市空間を利用したオープンギャラリーとしてまちを飾り」★3や足立区の「彫刻の持つ芸術性と社会的機能を活かした都市空間作り」★4のように、一般的には、都市部の自治体に街を飾る都市デザイン意識としての都市景観創美の認識が強い。

（2）地域文化の創造

文化振興を目的とする自治体も多いが、それは必然的に地域のアイデンティティとしての文化の創造を意図した。仙台市の「芸術性豊かな文化の馨のある街づくり」「仙台らしい文化の創造」★5は、仙台市の自然·文化環境として緑や森を含め、その独自性を美術文化に求めている。富山県高岡市の「鋳物技術を活かした彫刻」★6は、地場産業を支える地元鋳物師の高い技術力の奨励と地域の美術文化の創造を意図していたはずである。愛知県碧南市も、窯業や彫刻等の文化的背景により「文化都市としての香り高いまちづくり」★7を目指した。これらの都市は、生涯学習企画の多彩な展開や現代社会の芸術文化の価値の深化を謳い、経済効果·都市環境デザインの付加価値、そして未来への投資としての地域文化の形成を自覚していたと考える。この野外彫刻を核にした美術文化の地域文化化の自覚こそが、現在の文化資源や観光資源化の基盤となり、文化政策の形成に多大な影響を与えた。

(3) 精神的豊かさの創造

この類の「街づくり」の目的は、単に文化的な芸術作品を置くことを主眼にするのではなく、その自治体や限られた地域住民の心の豊かさの涵養を狙いとした。岩手町のように、「次代を担う子供達が身近に彫刻に接し、心豊かに育ってくれることを期待する」★8 趣旨の、未来の主権者への情操教育の推進を宣言する自治体もあった。また、大分市のように「街に潤いと安らぎを与える」★9 旨の芸術文化創造の効果として、心の涵養も目的とした自治体が多数登場した。

(4) ふれあいの場の創造

八王子市や足立区は、単なる都市景観創美や地域文化の創造及び心の豊かさの涵養以外の目的として、触れ合いの場の創造自体を掲げている。前者は、「制作・展示をとおして、新旧住民のコミュニケーションの場を広げる」★10 意図からは、彫刻シンポジウムの特性と西周の芸術の定義を想定したような、住民と作家・住民と彫刻・住民と住民の関わりそのものに意義を見出していた。後者は、「彫刻と区民がふれあう環境を図る」★11 目的も列挙し、住民同士や住民と彫刻のふれあいの場や交流の場の設定自体にも意義を見出していた。

2) 彫刻の取得方法

彫刻の取得方法は、著名都市でのそれぞれの歴史的展開でも明らかなように、野外彫刻展型と彫刻シンポジウム型が主流を占めた。以下に6形態に分類を試みた。

(1) 野外彫刻展型

宇部市と神戸市に代表される手法であるが、前者は、宇部市野外彫刻展・全国彫刻コンクール応募展、**5-1 現代日本彫刻展（宇部市）**の実施等により、その入賞作を現在まで収集・設置し続けてきた。後者は、主に **5-2 須磨離宮公園現代彫刻展（神戸市）**・神戸新進彫刻家の道大賞展・神戸具象彫刻大賞展の受賞作等を収集・設置している。その内容は、ほぼ街角的野外彫刻や美術館的野外彫刻に属するが、受賞作故に芸術性は高い場合も多い。しかし、公募時に設置場所不明な上にかなりの修景が必要な時期もあった。
この両市の野外彫刻展に対して、設置場所指定の野外展も80年代後半から登場した。横浜彫刻展と足立区野外彫刻展である。従って作家側は、展覧会当初から設置場所の景観や場の機能を考慮した作品制作が要求されることになった。

(2) 彫刻シンポジウム型

岩手町と八王子市に代表される型である。招待作家、あるいは指名作家を呼び一定期間の公開制作後、自治体に寄贈設置や買い上げ設置となる。設置場所は、主に前者が**5-3 彫刻公園（岩手町国際石彫シンポジウム）**、後者は、都市空間であり、内容的には、前者が美術館的野外彫刻、後者が街角的野外彫刻の趣である。共通点は、両者とも、石材からの制約と作家の現代性志向のせいか抽象形態が多い。その他に、岡山県笠岡市や香川県牟礼町・庵治町のような模型入選者に彫刻シンポジウム参加資格を与える例も登場した。

(3) オーダーメード型

いわゆる**5-4「仙台方式」（仙台西公園）**といわれ、1977（昭和52）年より開始の「現場主義」の取得方法である。仙台市が最初に実施のための呼称で、まず①設置場所の決定、②制作者の選考、③作家による設置現場視察、④制作、⑤野外設置（場合により修景あり）の手順を踏み、設置景観に見合う内容の作品設置を目指す。この手法は、高岡市の「彫刻のある街づくり」事業の多数を占め、碧南市の事業の大部分に相当した。設置作品は、街角的野外彫刻の趣を呈し、その場の風景と調和する物語性のある具象彫刻の設置が多い。

(4) 過年度秀作選考型

長野市と旭川市に代表される例である。両市による**5-5 長野市野外彫刻賞**と**5-6 旭川市中原悌二郎賞**の制定に基づき、過去1年ほど前の国内の個展や公募展で発表の優秀作品選考システムである。長野市は当初から設置場所を決定済みで、旭川市は途中から野外設置が多くなった。作品は、設置場所の趣の違いにより、街角的野外彫刻や美術館的野外彫刻のニュアンスを示していた。

(5) 指名競作型

彫刻の設置場所決定、複数の制作者の指名、指名受諾者が設置場所確認後に模型で競作、その後入賞者が実物大の作品を創る例である。**5-7 名古屋市名城公園〈水の広場〉**は、本郷新賞受賞作品だが、広島市や伊丹市のように大規模な単独事業に用いる傾向があった。象徴的野外彫刻や記念碑的野外彫刻のニュアンスが強い。

(6) 寄贈作品設置型

一番安上がりの事業だけに問題点も多いタイプである。事業目的とは無関係に広場や街角に出来合いの作品を設置し、後に多少の修景を施す程度で市民に作品を含む空間を提供するタイプである。著名都市を含め、初期の頃の公園や広場作りには、行政側へ寄贈された彫刻作品を安易に公共空間にそのまま設置する傾向があった。例えば、著名芸術院会員の裸婦像を公園等の公共空間に展示するだけでは、場の意味と作品内容が一致せず、不快感を示す市民も出現した。とりわけ女性や「ジェンダー論」学者等から批判された。本来、その事業目的に見合う内容の作品制作と展示空間全体の景観的調和を求める作品が設置されるべきであった。従って、有名作家の寄贈作品を無理に混入・設置することは、事業意図を曖昧にすることを意味した。その功罪指摘の典型例として「彫刻公害」等の批判が展開された事例の多くは、このタイプである。

3) 主管部局

「街づくり」事業の主管部（課）局は、各々の自治体の歴史や組織構造、及び目的や彫刻取得方法により違っていた。以下2013年でも6種類の分類は可能である。

(1) 公園緑地課型

出発当初の**5-8 宇部市は公園緑地課（井田勝巳の大賞受賞作）**の所管であった。緑化運動の延長として彫刻設置事業を始めたためである。仙台市も台原森林公園や定禅寺通りに設置し、建設局緑西部公園課の管理であった。大分市や高岡市も公園緑地課で管理の時期があった。

(2) 都市計画課型

鹿児島市はその目的から建設局都市計画課が主管となっていた。「彫刻のあるまちづくり推進委員会幹事会」を設け、文化課長・公園緑地課長・企画調整課長等を統括する幹事長に都市計画部長を据えていた。従って、事務局が都市計画課内に置かれた。福島市も都市開発部都市計画課、千葉市は最初の主管部局から都市計画課の所管に移った経緯がある。

(3) 教育委員会・文化振興課型

神戸市は、その構想の具現化のためか、阪神大震災当時は、市民局文化振興課の所管だったが、野外展の図録発行や阪神大震災の被害調査も担当した（現在は市民参加推進局文化交流部が主管）。長野市は、出発当初は教育委員会社会教育課（現在は生涯学習課）の主管で、米子彫刻シンポジウムの米子市も社会教育課が担当であった。

(4) 生活課・企画課型

神奈川県と共催のトリエンナーレ方式で野外展を実施した秦野市は、市民部生活文化室の担当であった。市民憲章推進協議会内に「碧南の彫刻のある街づくり専門部会」設置の愛知県碧南市は、その目的ゆえに総務部生活課の主管であった。神奈川県と「ふるさと芸術村」構想を共同提案した当時の藤野町は、企画課の担当であった。

(5) 多元型

岩手町は、石彫シンポジウムの歴史的経過で、彫刻公園の管理は教育委員会社会教育課であり、1993（平成5）年開館の「石神の丘美術館」の管理は、企画課が担当していた（現在教育委員会事務局の主管）。横浜市はさらに複雑で、当時の横浜彫刻展担当は市民文化部事業課だった。公園内や街庭の作品は緑政局の管理、伊勢崎モールの〈若い女〉等は道路局の管理だった。また、私有地の寄贈彫刻は、寄贈を受けたそれぞれの部局の分散的管理であった。

(6) 法人型

足立区は、「彫刻のまち委員会」委員に区民代表を入れ、アンケート調査で設置場所候補を選定し、住民参加の彫刻設置事業を心掛けた。財団法人の創設で、足立区まちづくり公社都市景観デザイン室内に事務局を置き管理した。新しい都市型タイプの登場であった。

4) 設置彫刻選定機関と選考委員

野外彫刻展の作品設置の場合、その審査委員会や実行委員会で選定する例が殆どであった。彫刻シンポジウム作品設置の場合も、その実行委員会や主催者で審議する場合が多く、八王子市のように作家とアートディレクターの話し合いで選考決定の場合もまま有り得た。仙台市や碧南市等のオーダーメード型は、「彫刻のある街づくり委員会」や「野外彫刻設置推進部会」内で審議し、最終的に選考委員が決定した。過年度秀作選考型の長野市や旭川市は、選考委員を任命し、選考委員会で決定した。

選考委員は、ほぼ美術評論家・彫刻家・建築家等に行政側の代表が加わる例が多い。大切な視点は、市民参加の可能性の有無とその参加への踏み込みの度合いである。その点、足立区の試みは特筆に値するものであった。

5) 素材と設置場所

彫刻設置素材の歴史的変遷は、宇部市内の野外彫刻調査により、ほぼ全国的変遷の可能性を示唆する。ブロンズは戦前にも登場するが、戦後の初期はセメント像である。1959（昭和34）年にはすでに御影石の設置が確認されているが、「宇部を彫刻で飾る運動」の1961年には、セメント像とブロンズ像が設置されていた。以降、鉄材・アルミニュウム・アクリル・ステンレススティール等などと多様化し、素材の複合化の場合もあった。

「街づくり」の自治体にもよるが、地域性が顕著な場合も珍しくない。岩手町や笠岡市は地元の石材、銅器産業を背景に持つ高岡市は青銅やアルミ像が殆どである。素材の量的分布は、都市デザイン研究所の小島敦氏の報告では、過去4年間1万101件中、金属が62%、石材が33.4%のように、金属と石が殆どとの記録を『パブリックアート――環境との対話の可能性』★[12]で報告している。パブリックアート研究所が母体になり誕生したパブリックアートフォーラムの第1回全国大会（神奈川県旧藤野町で開催）の報告書に基づくが、パブリックアート用語の認知の早い地域では、この頃から普及の度合いが早まったことを意味する。野外彫刻あるいは「パブリックアート」設置場所は、全国ほぼ同様である。最多は、公園や緑地で、その他道路脇・公共施設の前庭や中庭、橋上等である。民間の公開空地の例もあるが、大部分が、いわゆる「パブリックスペース」といわれる公共空間である。

3. 問題点と課題

1）修景・移設と彫刻間距離

オーダーメード型の現場主義作品や設置場所指定の野外展受賞作品には、ほぼ不要だが、日展系芸術院会員等のいわゆる「巨匠」の寄贈作品等に例が多い。単なる裸婦像が多く、制作時から設置環境を想定していないため、設置空間には不調和で修景が必要になる場合も多かった。また、八王子市の西放射線通のように、設置場所の近くに自転車やバイク等が置かれ、作品が活かされず不必要に映る場合がある。市民生活優先で管理不能な場合は、移設すべきである。従って、彫刻家も、自己の作品を時々点検し、責任ある移設を求めるべきである。当然の理だが、どこにでも作品が永久設置されれば良いわけではないはずである。

さらに、彫刻間距離も問題である。美術館的野外彫刻の作品群が、野外ギャラリーの趣で展示される場合である。彫刻の大きさや背景にもよるが、一般的彫刻間距離は、「12－13mの間隔を持つことが好ましい」★[13]といわれた。その点、筆者にはファーレ立川の道路脇の小品群の彫刻間距離が狭く思えた一時期があった。しかし今日では、都市空間の賑々しさを考慮すれば、一律に断言不可能な状況が登場したと考えている。ファーレ立川事業は、展開場所が都市空間であること、都市景観創美のみならず多様な楽しみ方の追求・考案から計画・提案・実行したコーディネータの意志が強く働いたことが理解される。つまり、この頃になると「街づくり」事業が、デザイン論優先から、場と作品、場と人、及び人と人とのコミュニケーション力育成による関係性重視の事業へ変容し出したことを意味しているのではなかろうか。その点で総合ディレクター北川フラムの芸術に対する認識が反映されたアートプロジェクトといえる。

2）計画立案部門と主管部局

1981（昭和56）年スタートした高岡市の「街づくり」事業は、企画調整課が計画立案し公園緑地課の管理であった。ただ、所管の違いで情報交換も不十分で、おのおのの問題点も不明確なまま、地元の銅器関係者による奉仕的な作品補修や着色の問題が生じたことがある。また、千葉市のように、1990（平成2）年開始の事業が、公園緑地課の所管で出発後、1995（平成7）年より都市計画課都市デザイン室の管理に移った事例もある。事業目的拡大のために計画や主管部局移動の場合にその傾向を示す。

さらに、岩手町のように社会教育課と企画調整課の所管という二元管理も効率が悪かった。情報の正確さと迅速さのためにも、文化として伝え残す意味でも教育委員会や文化振興課型等の系列に統一管理すべきと筆者は考える。但し、どの系列でも組織が硬直化した場合は、首長直属の管理下に置くのも一手法であろう。いずれにせよ、「街づくり」事業は、初期の計画段階から、関係部局で予想される問題点や課題を討議しあい、目的に沿って主幹部（課）局を決定したうえで、そこに事務局を置くべきと考える。

3）都市デザインと景観条例

横浜市は、1965（昭和40）年の早期に「横浜市都市美対策審議会条例」を制定し、都市美観を高めるための審議会設置と議論を推進していた。神戸市も1978（同53）年には、「神戸市都市景観条例」を制定し、新しい都市景観デザインのあり方を模索していた。広場や公園内設置の野外彫刻の場合と建築物を背景の場合では、かなり景観も作品も違う相貌を呈することは、様々な識者が自覚していた。彫刻や空間全体が活きる条件を比較し多角的に議論する必要性は高いはずだ。少なくとも設置作品周辺への人為的空間の変容や落書きや破損等への対応のあり方を考えたら、他都市もより早くから必要な条例であった。

例えば、高岡市槐通の**5-9〈ひとときき〉**（**朝倉響子の仙台方式作品**）は、作者自身の了解と設置場所確認後制作開始のオーダーメード型彫刻だが、作者の了解を得ないまま彫刻近辺の石製ベンチが取り去られ、喫茶店が出店した。作者と空間造形コンサルタントの情報誤認により、無関係な筆者が訴状を突きつけられる事件に巻き込まれた。場の機能の変質と異質な空間の出現による違和感の存在は、松尾個人の感性や認識ではないはずである。パブリックアートという意味では、民主主義的手続きの欠落こそが最重要問題であるが、景観条例の類が制定されていたら、防げた事例と思えた。

4）メンテナンスと防災

「街づくり」で彫刻を置いたまま、その後の保守管理には手が回らない自治体も見受けられた。また、建築とは異なる野外彫刻は、具体的設置基準や構造基準もなかった。ここでは、彫刻のメンテナンスと阪神大震災や東日本大地震を踏まえた防災上の問題点と課題を考えたい。

まず、メンテナンスの問題では、人為的なもので作品への落書き、張り紙、暴力的破損、自転車や工事用パイロンによる無視化等が挙げられる。2012年度の具体例では、東京都葛飾区内で漫画「サザエさん」のブロンズ化された〈波平〉の頭部の１本髪が、再三に渡り盗難に会う事件でマスコミの注目を浴びた。いずれも定期的なパトロールを必要とし、恒常的な文化芸術に関する啓蒙普及活動が課題となる。生活環境上の排気ガスや酸性雨の問題もある。石彫に付く黒い油やステンレスの錆の問題があり、どちらも洗浄が必要となる。ブロンズ像の場合は、酸性雨による被害が多く「アッシドライン」といわれるイオン化した素地の流出や帯状痕の形成によりコーティングの必要性が課題になる。

次に防災上の問題である。やはり阪神大震災の報告をしなければならない。阪神大震災は、当然のように「ミュージアムシティ神戸」の彫刻作品にも影響を与えた。358点中48点が一瞬にして倒壊・破損した。太いアンカーボルトの挿入や耐震構造計画書の提出、及び防災管理マニュアルの作成等の課題が残った。当時すでに活動中のパブリックアート・フォーラムでは、「阪神パブリックアート復興調査委員会」を設置し、関係機関に問題点や課題を提言した経緯がある。防災問題を含めた理想的な対応は、パブリックアートを愛する自覚的市民の育成と協働可能な市民による有効的なボランティア活動にあると思えた。

5）生涯学習時代の社会教育主事・学芸員・文化政策職員

「彫刻のある街づくり」事業実施の多くの自治体は、彫刻設置以外にも様々なイベントの併催で、市民の生涯学習に貢献するため彫刻を含む芸術文化の教育・普及活動にも尽力してきた。その活動が自覚的と思えた愛知県碧南市では、「野外彫刻写真展」「学童写生大会」「楽しい美術講座」「市内若手彫刻家展」「彫刻ゼミナール」等など、彫刻設置事業と連動した多彩な啓蒙活動を生涯学習活動への試みとして準備・対応していた。

重要なことは、公共空間に市民の税金で購入した作品が設置される点である。従って、市民から遊離し過ぎた企画や事業であってはならず、少なくともアンケート等の意識調査により市民の声を集約の上、その声を市民にフィードバックする努力は必要である。大切な視点は、社会教育主事や美術館等の学芸員が自治体文化政策や多様なアートの在り方へ理解を深める必然以外に、具体的対応を迫られる点だ。そこを踏まえてリードできる存在が必要である。つまり、地方の時代では県や市町村は、社会教育主事や学芸員を専門職で採用し、生涯学習事業や学芸職に専念させ、所属を徒に変えるべきではない。さらに最近では、文化政策に詳しい職員採用や配置も考える時代に突入した。神奈川県逗子市の文化政策のプロの配属とリードでアートフェスティバル開催等の例も聞く今日である。

4. 著名都市の近況

拙稿「『彫刻のある街づくり』にみる現状と諸問題」は、1997（平成9）年以前の「街づくり」現状を整理したものだが、約15年後の現在の実情には必ずしも当てはまらない。そこで、2012年3月現在の状況をインターネットで検索後、現在の主管部局等に直接電話で確認のうえ、近況を下記著名7都市の現状として報告する。

全国最初の自覚的彫刻設置事業を開始した宇部市は、ビエンナーレ型野外彫刻展である現代日本彫刻展も2013年で25回に達した。2012年3月段階の野外彫刻数は、常盤公園内で89点、宇部市内全体で106点、室内彫刻を含めると118点を数えるという。第1回宇部市野外彫刻展当時に常盤公園を「野外彫刻美術館」と命名したが、筆者の1996（平成8）年調査当時も「学芸員不在の美術館」であった。市民の野外彫刻の価値に対する認識が深まった現在は、公園整備局に「緑と花と彫刻の博物館課」を創設し、常盤公園の野外彫刻美術館に学芸員2人（2014年は3人に増員）を配置し、彫刻係も開設した。その専門性と責任に委ねて、市民の生涯学習に資する意味からも普及活動も活発化してきたのが近年の特徴であろう。単なる生涯学習講座以外にも、「宇部ふるさとコンパニオン」等の自主案内組織の活動や「宇部彫刻ファンクラブ」の年2回の彫刻清掃活動が実施されている。

宇部市と交互に、ビエンナーレ型の野外彫刻展を中心に、市内を彫刻で埋め尽くすばかりに設置を続けてきた神戸市は、「須磨離宮公園野外彫刻展」が1998（平成10）年の15回展で終了している。後発の「神戸具象彫刻大賞展」は、すでに1995年に8回展を数えて終了した。その一方で、阪神大震災後に「文化創生都市宣言」を謳い上げ、神戸港近辺を中心に大型アートプロジェクト「神戸ビエンナーレ」を2007年に実施し、**5-10「神戸ビエンナーレ2013」（メリケンパーク会場）**で4回目を迎えた。野外彫刻展による「ミュジーアムシティ神戸」から総合文化芸術企画として「文化創生都市神戸」構想に転換した背景は、想定外の大地震から学び、公共芸術としての野外彫刻のみならず芸術文化の価値やアートの力に気付いたからと確信する。主管部局の神戸市市民参画推進局文化交流部によれば、「神戸市内の野外彫刻数自体は、緑と彫刻の道の16点を含め559点の2012年3月現在の現状」という。

宇部・神戸のみならず北の大地にも広がりを見せた顕著な事例は、旭川市である。北海道旭川市は、1972（昭和47）年に「中原悌二郎賞」制定により作品収集・公開を開始するが、同年「日本最初の歩行者天国」といわれる平和通買物公園近辺へ収集作品の設置に踏み出す。現在も「中原悌二郎賞」は継続し、2006年9月には、「旭川野外彫刻設置管理検討会議」を創設し、市民ボランティアによる作品巡りや彫刻フェスタ実行委員会による「旭川彫刻フェスタ」が毎年企画・実施されるようになった。2006年現在の市内野外彫刻一覧表によれば、96点が確認される。

1973（昭和48）年に「長野市野外彫刻賞」を制定し、彫刻の収集・公開・設置をスタートした長野市は、主管部局を教育委員会社会教育課から生涯学習課に再編し、2011年には「文化芸術推進室」を創設した。市民の文化芸術活動への多様なあり方を模索しながら、彫刻設置活動は現在も継続中で、長野市内の設置彫刻数は、2012年3月時点では、「139点確認され、その他2点が公開待ち」という。普及活動としては、市内の大人や子供たちを対象に、年6回の「野外彫刻ながのミュージアム」や「野外彫刻キッズアーツ」等の行政側からの鑑賞ガイド、及び31回を数える「長野市彫刻写真コンテスト」等の企画・開催により生涯アートファンの育成に一定の成果を挙げている。

長野市と同様1973（昭和48）年、岩手県岩手町が東北の美術集団「エコール・ド・エヌ」の中心人物齋藤忠誠と当時ニューヨーク在住の彫刻家新妻実の協力により、「岩手町国際石彫シンポジウム」をスタートしたのは前述のとおりである。地元産黒御影石の公開制作を夏の約2ヶ月間を通じて実施し、その後作品の寄贈・設置の手順で彫刻公園化の実現に至った。「2003（平成15）年の30回まで継続したが、2012年6月現在では、岩手町彫刻公園内に67点、石神の丘美術館内の25点の作品も含め、町内には132点の設置彫刻がある」という。主管部局は、かつては彫刻公園が教育委員会社会教育課、石神の丘美術館は企画課担当という多元型管理を強いられたが、現在は、教育委員会事務局社会教育係が一元管理し、「石神の丘美術館」には、学芸員2人が配属という今日的状況である。

同じ東北の仙台市は、市制施行88周年記念として「杜と彫刻」事業を開始したのが1977（昭和52）年である。「仙台方式」や「オーダーメード方式」として有名になり、サイトスペシフィック作品が志向され、1年に1点の野外展示を開始する。第2期の「杜と都の彫刻」事業に引き継がれ、「彫刻のある街づくり事業自体は、2011年3月に終了した」という。現在主管部局は、建設局百年の杜推進部百年の杜推進課内緑化推進係にあるが、24

年間24点の作品の他に、仙台市内には、自治体の公有地や民間の私有地も含め113点が数えられる。普及活動としては、冊子『杜と都の彫刻めぐり』を仙台市が発行している。また、仙台市民のボランティア団体「街づくり応援隊」も組織され、広報により公募者を募り年間6-7回ほどの「杜と都の彫刻めぐりツアー」が企画・実施されている現状である。

仙台市と同じ頃、岩手町や岩手大学等の彫刻シンポジウムの影響と大学関係者の協力で、関東都市部の八王子市が「彫刻のある街づくり」事業を開始するのは、1978（昭和53）年である。前年77年実施の美術系大学生と教員たちによる石彫の公開制作を評価後にスタートしたわけだが、1998年の「八王子彫刻シンポジウム」で「野外彫刻数100点突破を区切りに、事業としては一応終了した」と宣言の状態である。但し「八王子の彫刻のある街」事業終了後にも増加傾向にあり、2012年現在103点が市内設置され、普及活動の一環として「写真コンクール」は、毎年継続している現状である。

5. 市民の評価とパブリックアート用語の推移

「彫刻のある街づくり」の主流タイプの野外彫刻展型や彫刻シンポジウム型による作品取得途上、税金という公金の使われ方に対する認識の深化で「市民参加と協働（共同）」の理念も謳われるようになった。「ファーレ立川アートプロジェクト」等の大型アートプロジェクト事業の登場も加わり、単なる彫刻設置事業とは違う「市民のためのパブリックアート」意識が形成され出したからである。それは、愛知県碧南市が早くから実施の『碧南彫刻のある街づくり調査報告書』★14の意識調査結果の1993年データからでも市民の意識形成努力の一端を窺うことができる。また、2001年発足の「高岡市パブリックアートまちづくり市民会議」に、筆者が3年間に渡り参加した経験からの実感でも納得できた。

換言するならば、パブリックアート用語の普及・浸透と並行するにつけ「まちづくり」事業の途中からはすでに批判的論調が顕現していた。1980年代からバブル経済の隆盛とともに爆発的増加を続けた「街づくり」自治体は、パブリックアート用語の普及の一方で、彫刻関係者や有識者の間から「彫刻公害」や

「暴力的に公共空間に異物を置き続けた」旨の批判を突きつけられていた。他方で、市民評価の実際は、筆者の調査範囲では、愛知県碧南市民の意識調査が存在した程度で、市民の声を集約すべきアンケートさへ実施不能な自治体が大多数だった。さらに議論面でも、専ら行政と作家のための景観論議のみのデザイン論が先行し、市民や文化や教育の視点で語られることが殆どなかった。その現状を憂い、1996年の段階でもすでに、毎日新聞紙上には「パブリックアートの主体は芸術を生み出し享受する市民であり、設置者の論理ではない」★15旨の関係者の寄稿があり、彫刻設置事業の負の部分の指摘が話題になった。「市民のためのパブリックアート」を叫ぶなら当然必要不可欠なことであった。

その流れを踏まえ、以下に「パブリックアート」用語の文献的出現推移を概観したい。日本におけるパブリックアート用語自体の登場は、「ニッカン」の「PAL」に始まる1987（昭和62）年の末頃と「まえがき」に記述の通りだが、偶然にも筆者の『新潟　街角の芸術』出版の年と一致する。また、ほぼ同時期の1988年3月に、当時美術館学芸員の新田秀樹が『宮城県立美術館紀要』に「現代アメリカのパブリック・アート」★16を著している。アメリカの事例とはいうものの研究論文として公的機関への発表は、日本最初のものだった。その後、樋口正一郎が『PUBLIC ART アメリカ50都市の環境彫刻』★17を発行するのが1990（平成2）年7月である。パブリックアート研究所が、渋谷区内に設立になるのが1992年で、94年には宮城教育大学に移り、この分野の研究第一人者になった新田が、『宮城教育大学研究紀要』に「パブリック・アート研究のフレームワーク」★18を上梓した。その11月には、パブリックアート研究所を母体に、「パブリックアート・フォーラム」の第1回全国シンポジウムが神奈川県藤野町（現相模原市）で開催された。1995年3月には、パブリックアート研究所代表の杉村荘吉が、『パブリックアートが街を語る』を出版、同月に竹田直樹も『日本のパブリック・アート』★19を刊行する。加えて、1996年9月に高岡市内の竹中製作所が『パブリックアート（Public Art）へのメッセージ』★20をインターネット上に「松尾豊のHP」として好意的発信をする。振り返るなら、前述の毎日新聞紙上の指摘は、96年2月であった。

バブル経済が沸騰しながら頂点に達する80年代後半から90年代前半にかけて、日本でも「街づくり」事業参加の自治体の急増のみならず、その事業による設置作品に見合う内容が求められてきた背景がある。しかしながら、パブリックアート用語自体は、80年代後半より90年代前半には、研究者や一部の美術関係者の間には理解可能な状況があったにも拘わらず、一般市民に理解されるには時間が必要であった。「街づくり」自治体の分散的拡大、日常空間への彫刻の爆発的増加、及びマスコミの宣伝やさらなる研究の進展を通じやっと90年代後半に達すると考えるのが、日本的到達点である。その間、パブリックアート・フォーラムの全国シンポジウムも回を重ね、全国各地の自治体への啓蒙も続いた。

21世紀に入った2001（平成13）年には、「街づくり」事業のみならず、その用語普及と活用が、が全国的にも早い高岡市が「高岡市パブリックアートまちづくり市民会議」を発足する。当時の佐藤市長の肝いりで「市民参加」や「協働」を謳っての出発であった。そこで語られたキーワードが「市民参加」「協働」「教育」「民主主義」等であったことも事実である。つまり、「街づくり」の始まり、少し遅れた形の「パブリックアート」用語の移入・認知・普及の浸透過程であった。21世紀に突入前後には、パブリックアート用語が定着し出す一方でパブリックアートの新しい展開としての「アートプロジェクト」用語も認知されてくる。アートプロジェクトの定義にもよるが、この事業は、それまでの野外彫刻展や彫刻シンポジウムとも趣を変え、完全な市民参加や協働を前提に、アートの力や芸術の価値への自覚が、使命として明快に求められる方向性を内包していた。従って、その転換点付近で、確実にパブリックアート前史からアートプロジェクトへの展開に変容し、その前後の過程から隣接学問も次々に誕生させる土壌を形成した。

《注及び参考文献》

★1　松尾豊『大学美術教育学会誌　第29号』（大学美術教育学会、1997）pp.7-16
★2　長野市教育委員会社会教育課『第２期「長野市野外彫刻賞」事業要綱』の事業目的
★3　八王子市生活文化部『彫刻のまちづくり』「基本構想の概要」の目的
★4　（財）足立区まちづくり公社『足立区彫刻のまち委員会設置要綱』の目的
★5　仙台市建設局緑政部公園課『仙台市彫刻のあるまちづくり事業』「事業の目的」
★6　高岡市公園緑地課「高岡市彫刻のあるまちづくり事業」の事業目的
★7　碧南市民憲章推進協議会『碧南の彫刻のあるまちづくり』「碧南の彫刻のあるまちづくり基本構想」（1989）
★8　岩手町教育委員会社会教育課『彫刻公園のある町』「岩手町国際石彫シンポジウムと岩手町彫刻公園」（1994）
★9　大分市都市計画部公園緑地課「大分市公園等彫刻設置要綱」「（趣旨）第一条」
★10　八王子市生活文化部、前掲書の目的
★11　（財）足立区町づくり公社、前掲書の目的
★12　全国パブリックアート・フォーラム実行委員会（パブリックアート研究所、1995）p.92
★13　岡山市企画室『光と水と彫刻のまち』（岡山市彫刻のあるまちづくり懇話会、1986）p.9
★14　松尾豊、前掲書（大学美術教育学会、1997）pp.12-13
★15　篠雅廣「世の中探見・街なかの芸術④」（毎日新聞関西版、1996）２月14日朝刊
★16　新田秀樹『宮城県美術館研究紀要第３号』（宮城県美術館、1988）pp.1-7
★17　樋口正一郎『PUBLIC ART アメリカ 50 都市の環境彫刻』（誠文堂新光社、1990）
★18　新田秀樹『宮城教育大学研究紀要第 29 巻』（宮城教育大学、1994）pp.117-127
★19　杉村も竹田も、1995 年３月に東洋経済新報社と誠文堂新光社から、それぞれが出版
★20　松尾豊、第Ⅰ章の《注及び参考文献》の★14 参照

5-1 宇部新川駅前：澄川喜一〈そりのあるかたち〉

5-2 神戸市役所横：井上玲子〈私とわたし〉

5-3 岩手町彫刻公園内役場前設置作品風景

5-4 仙台市西公園：朝倉響子〈二人〉

5-5 長野市霊園付近：江口週〈漂流と原型〉

5-7 名古屋市名城公園：環境造形Q〈水の広場〉

＊写真は全て筆者が撮影したが、その後移設や撤去の可能性がある

5-6 旭川市常盤公園：大成浩〈風の塔No.8〉

5-8 宇部市常盤公園：井田勝巳〈月に向かって進め〉

5-9 高岡市槐通り：朝倉響子〈ひととき〉

5-10「神戸ビエンナーレ 2013」会場風景

VI

「アートプロジェクト」の展開と芸術支援活動

PUBLIC ART

1. 背景と目的

文部科学省（以下文科省）は、平成21（2009）年3月9日に学校教育法施行規則の一部改正を受けて、『高等学校学習指導要領』改訂を告示した。その内容が、約28年前の拙著あとがき★1で示唆した方向性と同一で、その後の筆者の学校現場実践をも評価した内容を容認したもので驚きであった。その教育現場である高岡第一高校での実践内容は、新潟時代開始の野外彫刻研究やその延長上のパブリックアート研究と美術教育との接点を探求した「生涯美術論」構想の具体化であった。しかし、実際の現実は、その成果とは反比例するかのごとく、次々と遭遇する様々な難題による紆余曲折を乗り越えて、学校内のみならず校外学習や地域でのアートシーンの創造に貢献した。P. ラングランがユネスコで提唱の「生涯教育」★2理念を日本版「生涯学習」に置き換え、その方向性への確信が、鑑賞比重増強と現場探訪としての地域連携参加型授業へと進展させた。従って、大学の美術教育関係者や各都道府県の芸術系管理職や指導主事レベルの有識者なら周知のはずとの確信にも似た思いが湧きあがる背景もあった。

つまり、文献上は平成21年3月告示の文科省発行の『高等学校学習指導要領』★3と平成元年改訂の同省『高等学校学習指導要領』の比較確認でも判明するが、高等学校芸術科の基幹に関わる目標を見れば一目瞭然である。「第7節芸術」の「第1款目標」には、「生涯にわたり」の定着（平成11年3月改定の旧学習指導要領では、この文言は欠落していたが、21年の新学習指導要領には復活）や「芸術文化についての理解を深め」の文言が挿入された。また、芸術科各科目「美術I」の目標だけを垣間見ても、文言「生涯にわたり」が、「美術を愛好する心情」の前に挿入された。さらに、「美術文化についての理解を深める」の文言が加わった。「美術II」も同様で「美術III」に至っては、「美的体験を豊かにし」が追加された。芸術科の他教科でも「生涯にわたり」の挿入は、芸術科目の整合性から当然であった。「音楽I」「音楽II」には「音楽文化についての理解を深める」が、「書道I」「書道II」でも「書道文化についての理解を深める」、「工芸I・II」では「工芸の伝統と文化の理解を深める」の文言が追加になり、芸術科目全体でもほぼ同様の傾向である。

この事実は、筆者構想の方向性と高岡第一高校赴任以降の実践と継続的研究が、単なる生涯学習社会の登場という一般的理由をはるかに越え、学校という教育現場発信の美術教師の実践や研究成果に対する芸術教育とりわけ美術教育関連の有識者と文科省による共感的受容の存在を意味する。それ故に、筆者長年構想の実践的研究成果へのささやかな評価が、湧き上る静かな勇気となり、執筆へと向わせたのが動機である。

但し、以下の2点を前提にこの章は成立している。その1つは、近年のいわゆる「アートプロジェクト」に関する記述を中心にし、大学を含む学校教育機関の美術教育への取り組みに焦点を当てたこと、2つ目は、この章が富山県教育会公募の「平成22年度第60回『教育に関する研究助成論文』」で助成を受けた「生涯美術論（V）── 芸術支援としてのアートプロジェクト・美術教育、そして富山県関係者への提言」★4の投稿内容をベースにしながらも、美術文化、そして芸術教育関係者への提言を最大の狙いとする点である。

2.「アートプロジェクト」の歴史的背景と傾向

1）用語の流れと概念

過去に収集の手元の資料を探し出して判明したことは、文献的に「アートプロジェクト」用語を最初に目にしたのが、「'89 ふくやま彫刻プロジェクト──備後に生きる彫刻を考える──」の広報チラシである。「'89 海と島の博覧会・ひろしま協賛事業」企画の一環として1989年8月6日−9月24日までの約1か月半に及び、後援は中国新聞社、広島テレビ放送とある。チラシの主催者名が「ふくやま**アートプロジェクト**実行委員会」★5と記載されていた。（**6-1 97年設置下川昭宣作品**）

一方で、筆者の「アートプロジェクト」用語の公的機関での最初の使用は、2000年静岡市で開催の大学美術教育学会研究発表「越後妻有アートネックレスの可能性」★6においてである。その中心企画が新潟県と十日町市を含む広域6市町村実施の「大地の芸術祭」であった。2012年8月現在実施は、5回目を数えるが、その**6-2「大地の芸術祭」**（**2009年設置パスカル・マルティン・タイユーの作品**）が、現在でも芸術による地域創造の壮大な実験、さらには中山間地における芸術による理想郷作りとして世界的注目を集めている。

本来「プロジェクト」とは、計画を意味する用語だが、「アートプロジェクト」となると美術を中心とするアートに関する計画・立案、及びそのための実際の企画・投機・推進した事業全体を指す場合が多い。その意味では野外彫刻展や彫刻シンポジウムも含むことになり、「アートの力」や「アートの公共性」、及び「芸術の価値」を問い続ける営みとして、かなり以前から存在していたことになる。従って、野外彫刻展も彫刻シンポジウムもパブリックアート展開の一形態であり、そのパブリックアート展開の日本版が、世界的潮流のアートプロジェクトが待ち構えていたところで合流し、現代日本の行き着く先の必然に到達したのが事の真相と考える。

日本における公共空間のアートシーンを振り返ると、近年では、パブリックアート用語の意味する認識が、主として作品設置場所の公共性に置かれることへの限界と違和感からアートプロジェクト研究に携わった人が増えている。実際に野外彫刻展や彫刻シンポジウムの他に、「アートによる地域再生」等も調査・研究の対象にしてきた筆者もその1人である。また、野外彫刻展や彫刻シンポジウムを含む彫刻文化を独自の視点で継続研究してきた柴田葵は、大学院文化資源学研究室在籍中の第11回文化資源学研究会で、「パブリックアート」から「アートプロジェクト」への転換点を示す過渡期の典型例として**6-3「阪神大震災復興プロジェクト」(団地内風景)**の『南芦屋浜コミュニティ&アートプロジェクト』の中でも田甫律子の〈注文の多い楽農展〉[★7]を列挙している。筆者は、その理由を阪神大震災の復興計画が、単にアーティストやアート作品が、南芦屋浜という地域や復興団地に介在したという事実以外に、その場の人間生活全体の総合的考察で導き出された「食」や「住」の問題提起がなければアートとして成立し得ないからと考えたからである。つまり、アートとして成立する背景には、人間がその場の条件に規定されながらも時代背景を背負い「衣、食、住」を満たそうとする極めて当然な生存条件の獲得、及びその同時進行的な生存意欲の存在を認めざるを得ない二重の社会性=公共性があるからである。

2)「アートプロジェクト」の傾向

(1) 歴史的傾向

《年表Ⅲ:「アートプロジェクトの歴史(日本)」》は、狭義・広義の意味を持つ1980年代以降の「アートプロジェクト」を年代順に配列したものである。著名な大型プロジェクトや造形・美術教育に関するプロジェクトは、できる範囲で一覧に組み込んだ。但し、大型プロジェクト内の単発的な様々なワークショップ等は、省略に努めた。また、本稿執筆時現在も筆者在住富山県内の取り組みを可能な限り紹介するような地理的・個人的偏在がある点、さらには2000年前後から雨後の筍があちこちから芽を出すかのように調査不能なほどに多数のプロジェクトが立ち上がってきた点、2013年12月末現在まで判明の筆者の知りうる範囲内の点、紙幅による限定的制約が存在する点等を念頭に、年表を読み解いていただきたい。

従って、日本最初のアートプロジェクトの年代特定は厳密には困難だが、一般的に狭義の意味のアートプロジェクトは、日本美術史上は1980年代から始まったと識者や関係者の多くが語る。90年代の特徴的傾向は、その半ば頃より著名プロジェクトが登場し、後半からは、一層その数が増加する傾向がある。90年代の第2の傾向は、美術教育関係者を驚かせた杉並区立和泉中学校の「IZUMIWAKUプロジェクト」が94・96年の2回、同傾向の名古屋市立千種台中学校の「学校が美術館」の実践★[8]が、「教育プロジェクト」の典型的前例の登場として特筆される。90年代の傾向の第3は、「立川国際芸術祭」や「ファーレ立川アートプロジェクト」等の大型・多国籍・多民族作家の作品や住民企画の登場が列挙できる。2000年代の傾向の第1として、その数の飛躍的増加、第2に実施主体が総合ディレクター等の力を借りながらも、ほぼ実行(推進・組織)委員会や運営委員会に移行したこと、第3に「ヒミング」等にみられる芸術系NPO法人の誕生が指摘できる。

(2) 分類的傾向

章末の《年表Ⅲ》の流れを視野に、アートプロジェクトの傾向を①–④までの4つの視点で分類を試みた。筆者の調査範囲では、おのおのの報告書の存在は確認できた反面、その歴史や全国的傾向をまとめた文献は存在しない★[9]中、以下は可能な限り全国を駆け巡り「足で見た」分析的論考である。

①実施主体の管理者や支援金に基づく分類

A：国家型プロジェクト

6-4「横浜トリエンナーレ」（2005年会場内風景）に代表されるアートプロジェクト。文化庁や外務省が企画当初から関与した国際的アートプロジェクトで、当然資金面の援助を受けている。また、高岡市の「ものづくりデザイン科」の例は、現在の実施主体は高岡市だが、国家による法的保護のため法律の改正を経てまで必修授業化した特異な例である。今現在の資金面の支援の程度は不明だが、国家型に属すると考える。

B：自治体型プロジェクト

代表例として新潟県と広域6市町村で出発の「越後妻有アートトリエンナーレ」の中心企画「大地の芸術祭」が列挙できる。様々な民間企業からも資金的援助を受けて開催の「瀬戸内国際芸術祭」や**6-5「あいちトリエンナーレ」（2013年岡崎エリア名鉄東岡崎駅ビル内ゲッラ・デラ・パスの布作品）**等もある。都道府県や開催自治体が中心運営のアートプロジェクトだが、参加作家は著名な現代アーティストで出身国を見ると日本以外の多国籍な国際性を帯びている人も多い。

C：NPO型プロジェクト

富山県氷見市には、「ヒミング」というNPO法人のプロジェクト実施団体がある。その当初は映像記録を残す趣旨で「氷見クリック」として出発した実施主体が、実績を積み富山県や氷見市教育委員会や地元北日本新聞社などの支援も受け、富山大学芸術文化学部と連携し全国に発信した大型プロジェクト「ヒミング」を企画・推進することでNPO法人に移行した。現在も様々なメセナ団体からの支援金を受給、**6-6活動基地のアートセンター「ヒミングAC」（AC内風景）**を開設しながら継続しているプロジェクトもある。

さらに、香川県高松市内では、山間部の廃校を再利用し「MONOHOUSU」なる名称で立ち上げたNPO法人「かがわ・ものづくり学校」等もある。大学教授が中心に地元の作家たちに呼びかけ「やまなみ芸術祭」等を定期的に企画・実施し、世界的な作家等の参加も仰ぎながらも積極的に発信している事例でもある。

②実施主体の目的に基づく分類

A：文化資源・歴史遺産型プロジェクト

この型は、何より世界的著名作家、あるいは全国的著名作家作品をほぼ、恒久的に設置することで、その地域の交流人口増加を第一の目的にするアートプロジェクトである。つまり、プロジェクト関連の作品を文化資源として創造中、あるいは創造したものを外国人も含む外来者が観光・見学・学習に来る傾向を活用することで、彼らの支払う料金をその場や地域に還元してもらうシステム構築が目指されている。従って、2010年夏、瀬戸内7島を中心に開催の「瀬戸内国際芸術祭2010」や2回目の春夏秋11島で展開の **6-7「瀬戸内国際芸術祭2013」（豊島美術館）** 取材で判明した女性や若者、さらには外国人観光客の異様な混雑は、離島や海洋の美観と著名作家作品 **6-8「地中美術館」（2010直島）** や本村港近辺の **6-9「家プロジェクト」（2010同）** に内在する美術作品の文化資源化の価値の高さに由来するからだ。

また、文化資源創出の類似型の富山県上市町の例だが、山間部でも歴史的に残されてきた遺産を文化資源としてとらえ、地域再生に寄与しようという例もある。地元では、〈日石寺磨崖仏〉が研究者や県民の間では知られているが、2012年10月 **6-10「アートガーデン IN 大岩山」** が、現代美術家有志により企画され、観光客の増加とアーティストの表現が注目された。この事例は、文化資源創出型の変種としての歴史遺産活用型である。

B：教育・学習型プロジェクト

このタイプは、作家や美術教師、あるいは地域の美術ファンがワークショップなどを通じて作品を制作すること以上に、そのプロセスで紡がれるコミュニケーション効果に最大の価値を置く1種の「教育プロジェクト」である。従って、参加者は、作家や教師、及び地域の幼・小・中・高・大学生や地域住民である。作品自体は、恒久的には残りにくい傾向もあるが、限定的な病院や福祉施設、また学校や美術館などに有効と考える。

C：総合文化型プロジェクト

これまでの大型アートプロジェクト、特に中山間地や離島などのプロジェクトには、交流人口増加を第1の目的にせざるを得ない実情があった。産業らしい産業もなく少子高齢化による過疎化が進行していたからである。「大地の芸術祭」や「瀬戸内国際芸術祭」に該当するが、その類の大型プロジェクトの内容は、作家や地域や教育機関連携の教育・学習型プロジェクトが混在していたのも紛れもない事実である。つまり、実際のアートプロジェクトは、その目的の混在型が大多数であり、「関わる」「協働する」「紡ぐ」「繋ぐ」営みを大切にする「教育プロジェクト」にこそ、アートや美術教育の新しい可能性を見出している関係者も多い。

③展開の場や地域に基づく分類

A：文化都市創生型

このタイプの最古は、後に「ミュージアムシティ福岡」に展開範囲を拡大した「ミュージアムシティ天神」といわれる。出発当初は、福岡市の繁華街である天神地区に集中する様々な人間の欲望の断片的提示を狙った。横浜市も「横浜トリエンナーレ」以前から、横浜港を表象の窓口として世界と交信した伝統的洋風文化を再確認・再認識することで、芸術文化で未来都市を創造しようとの取り組みであった。阪神大震災後に中止した野外彫刻展型から文化都市創生型に変換した「神戸ビエンナーレ」も同様である。その理念を補完するかのような、様々な象徴的なアートプロジェクトが、重層的に組み込まれたイヴェント型都市に変貌している感を受ける。名古屋市開催で企画・開催・推進の「あいちトリエンナーレ」もこの範疇に入ると考える。

B：中山間地再生型

世界的に著名な「大地の芸術祭」が、越後妻有郷という過疎地の地域再生の活性化を第1の狙いにしたことは前記のとおりだが、2007年から富山県南砺市利賀上畠地区で展開の**6-11「上畠アート」**も、中山間地の高齢化・過疎化対策で地域再生プロジェクトを開始した。南砺市利賀は、地元作家やその関連作家との関わりからの人選的傾向だが、美術教育や人間のスローライフへの生き様を問いかる成果も提示した。また、すでに世界的な著名人鈴木忠志の率いる劇団スコットの活動拠点で「演劇の聖地」といわれ、世界演劇祭なども発信し続ける舞台芸術系資源もある。同じ中山間地でも越後妻有郷との違いは、後発の美術系アートプロジェクトに先発の舞台芸術系資源を連結する貴重な中山間地再生型地域という点である。

C：離島・海洋活用型

2010年開始の「瀬戸内国際芸術祭」は、香川県の瀬戸内７島と高松市、及び岡山県宇野港を会場に企画・実施された。2013年は、瀬戸内11島の離島と海洋景観を織り交ぜた島々の資源を、アーティストとアート作品が暴力的なまでに島と島民生活に介入することで交流人口増加を図り、島民の暮らしを活性化させたいというアートプロジェクトである。但し、直島は安藤忠雄建築の「地中美術館」や著名作家作品収蔵の「家プロジェクト」等に蓄積された美術・文化資源が、国際芸術祭開始以前から存在していたが故に重層的効果を示すアートプロジェクトになった。また、離島そのものではないが富山県高岡市から氷見市の海岸線の国定公園の美観を資源とし、その海辺近辺の山や島や民家や空き倉庫等活用の展開で注目を浴びた「ヒミング」も、この離島・海洋型に属する。

D：学校・美術館協働型

最も顕著な事例は、1994年と96年に2回実施の「IZUMIWAKUプロジェクト」である。村上タカシの発案で東京都杉並区立和泉中学校そのものを美術館に見立てて、作家や地域や生徒が連携した画期的な営みであった。また、名古屋市立千種台中学校の「学校が美術館」の実践も、学校という舞台を通じて地域とアートやアーティストと生徒を有機的に結び繋ぎ、とりわけその場で生活する生徒たちの意識やコミュニケーション力高めることで美術と美術教育の可能性を切り開いた先進的典型例である。最近では、長野県千曲市立戸倉上山田中学校を中心とした「メガとがび」などの実践報告を聞くが、全国で急増の傾向である。

振り返るならば、生涯学習機関の機能を前面に出しつつある美術館や学校教育機関主催の小・中・高校生対象のワークショップ等もこの型に属し、その場に新鮮なアートシーンを創造することも多くなってきたのも事実である。その意味でも、平成16年度に高岡第一高校で筆者を中心に展開の総合学習**6-12「歴史・産業・アートで地域を問い直す―高岡銅器と高岡の未来」**や現在高岡市と同教育委員会が文科省から授業そのものを法的に保障されて展開している高岡市「ものづくり・デザイン科」もその実施場所からして学校・美術館型プロジェクトであるのは当然である。

E：病院・福祉施設活用型

日本国内の病院や福祉施設には、かなり以前から絵画や書作品を展示するスペースを設け患者や入居者及び職員で構成する美術関連の施設内コミュニティが存在していた。しかし、筆者が知りうる日本国内最初の病院・福祉施設型のアートプロジェクトは、1999年湖山医療福祉グループの理念に基づく静岡県の特別養護老人ホーム「百恵の里」と「銀座医院」の「アーツアライヴ（ARTS ALIVE）」である。実践的には、林容子プロデュースの武蔵野美術大学学生との自主企画である。文献上は、理解ある医療・福祉関係者とパッチ・アダムスの影響★10から、医療・福祉関連者の場と人と作品との関係性をより積極的なコミュニケーションの場に作り替えようとしているかのような内容と思えた。

④制作の中心者に基づく分類

A：作家中心型

著名作家作品を創客資源として残存させるような場合が多いタイプである。構想の段階から制作はほぼ作家に任せ、協力者あるいは一般市民が、作家の指示に対して忠実に手伝う存在になる傾向を持つ。

B：協働型

作家と一般人が、構想も企画も一緒に協力・協働的に制作に励む対等・相互的タイプである。しかしながら、あくまでも作家提示のコンセプト内のことであり、その限りにおける制約を受けるのは当然であろう。

C：制作補助型

作家はあくまでもその場や地域住民の後援者・支援者としての役割を演じ、ワークショップのように一般市民の制作補助にまわる場合が主になるケースである。従って、作家はファシリテーターあるいはワークショップの講師的存在になる例が多い。

3. アートプロジェクトの定義

近年、様々な研究者から、「アートプロジェクト」の定義が発表され出してきたように思うのは、筆者の勉強不足のせいであろうか。これまではその事業や概念の曖昧さ故に、その全容を捉えがたい傾向にあったが、ここではまず、2013年12月8日実施の日本アートマネジメント学会第15回全国大会の研究発表資料★[11]に基づいて5組の説を紹介したい。その次に、現状の芸術文化事業をパブリックアート=アート（芸術）と「アートプロジェクト」との相関性から、試論としてのアートプロジェクトを定義し、その全貌把握の一助としたい。

1）諸説紹介

（1）小泉元宏説★[12]

小泉は、2012年鳥取大学地域学部研究紀要に以下のように述べている。「地域の過疎化や疲弊といった社会問題、あるいは福祉や教育など、さまざまな社会·文化的課題へのアートによるアプローチを目的にしながら展開している文化事業、ないし文化活動」と現代社会における文化課題と捉えている節がある。

（2）三田村龍神説★[13]

「既存の作品観を超えてアートを社会的事業の触媒として使い、企画の立案から調査·交渉·経営·政策·発表に至るまでの全てのプロセスを『作品』と考える芸術活動の一つ」と定義し、その上で下記のような5点の「望ましい条件」も列挙している。

①作品完成に至るまでの全てのプロセスも作品とする事。

②活動自体がグループであり、明確な目的·目標がある事。

③特定の活動に関わるアートワークを行い、地域活動の特質·生活·歴史を明らかにし、新たな価値を創り、地域社会に変化を与える事。

④市民参加·共同作業·地域振興などを行い、コミュニケーションを促進する事。

⑤継続性を持った活動を展開し、日常とアートの接近または融合を目指す事。

（3）谷口文保説★[14]

「地域社会に芸術創造と公共政策の競争を誘発する地域活動に、芸術を投げかける社会的活動」と九州大学博士論文で定義している。

（4）吉田隆之説★[15]

東京芸大大学院音楽研究科で「あいちトリエンナーレ」を事例に博士論

文を発表した吉田は、「①地域への働きかけを伴いながら、②美術館や劇場などの専用施設ではなく、街中での展示やパフォーマンスを行う現代アートを中心とした展覧会、あるいは事業」と定義し、屋外や専用施設外での公共空間における現代アート事業と捉えている。

(5)「アートプロジェクト研究会」説★16

ホームページでも発信している代表的な研究会の定義だが、「現代美術を中心に、1990年代以降日本各地で展開されている共創的芸術活動。作品展示にとどまらず、同時代の中に入り込んで、個別の社会的事象に関わりながら展開される。既存の回路とは異なる接続/接触のきっかけになることで、新たな芸術的/社会的文脈を創出する活動」と定義している。その上で、以下のような5点の特徴も列挙している。

①制作のプロセスを重視し、積極的に開示、②プロジェクトが実施される場やその社会的状況に応じた活動を行う、社会的な文脈としてのサイト・スペシフィック、③様々な波及効果を期待する、継続的な展開、④様々な属性の人々が関わるコラボレーションと、それを誘発するコミュニケーション、⑤芸術以外の社会分野への関心や働きかけなどの特徴を持つ。

2) パブリックアートと「アートプロジェクト」の概念

パブリックアートと「アートプロジェクト」の相関を考えると、アートの公共性やアートの力を社会に問う投機を伴う事業計画に共通点を見出す。パブリックアート研究成果の必然的方向として、後発的な「アートプロジェクト」の調査・研究にも突き進んで10数年になるが、日本国内のアートプロジェクトは、先発の前史的・展示型プロジェクトと後発の地域再生的共創型プロジェクトの2種類があると確信するようになった。

従って、80年代後半から90年代前半にかけて爆発的に推進された「彫刻のある街づくり」事業も先発型のアートプロジェクトである。その事業の中心企画となる野外彫刻展や彫刻シンポジウムという形態も当然アートプロジェクトの1種ということになる。同じアートプロジェクトでも作品の設置・展示を主目的にする場合である。

後者の後発的な地域再生的共創型アートプロジェクトは、世界的潮流のアートプロジェクト効果の理念に由来し、日本的パブリックアート事業の地域再生型文化政策版と言うことも可能である。90年代前半は、「文化行政」としての「街づくり」と野外アートが連動し、パブリックアート用語も普及し出した時期でもあり、並行してパブリックアートと芸術文化や文化資源の相関的な新しい価値が再認識された。つまり、パブリックアートとその融合的価値が意味を見出すにつれ、文化政策化したパブリックアート事業が注目された。そして、ダンスや民族芸能も含めた舞台芸術系アートも取込む形で、アートプロジェクトが脚光を浴び最盛期を迎えている観も呈する昨今ではなかろうか。

従って、日本各地の具体的実践から定義づけられることは、（舞台芸術系中心の事業も含め）作家やアーティストがプロジェクト展開の地域や場に依拠し、住民とその場の価値を共創的に共有する参加型の営み全般を意味する芸術文化事業ということになる。事業が参加型で、作品制作を含む協働作業を意味するが、その結果の共同的創作物が、有形の創客装置としての美術作品、あるいは文化資源としてのアート作品となる。残された作品が、その場や地域に物理的に存在し続けるか否かに関わらず、場と人と物（場合によっては情報）との介在を通じてその関係性から生じるコミュニケーション育成力の全般を意味する。但し、「アートの公共性」「芸術の価値」を問い続ける営みにほかならないのは、広義・狭義の意味、あるいは前史的展示型プロジェクト・地域再生的共創型プロジェクトの意味に限定されない共通点である。故に、アートプロジェクトは、パブリックアート＝芸術（アート）というツールを、場や作品と人を繋ぎながら社会の中で有効活用する共同的な地域創造的文化事業でもあると結論できる。

4. 教育プロジェクトの実際

1）「IZUMIWAKU」から「学校が美術館」前後

《年表Ⅲ:「アートプロジェクト」の歴史（日本）》のように、富山県の場合アートプロジェクト用語の浸透不可能な80年代後半から、富山県立近代美術館では普及活動の一環として県内小・中学生による「私たちの壁画展」を実施していた。その頃から授業内での美術館鑑賞のための時間と交通手段の獲得が叫ばれていたが、現在「教育プロジェクト」の1種としての美術館でのワークショップは、至極当然の現実になってきている。その時間的流れともどかしさの中で1つの解決策を示した企画が、前述の東京都杉並区立和泉中学校教諭村上タカシの「IZUMIWAKU プロジェクト」と考える。その成果は文献上、名古屋市立千種台中学校教諭四宮敏行の著書『学校が美術館』にも反映されている。つまり、プロジェクトの実践が、学校近辺の住民や地域、作家と美術と生徒を身近に結ぶツールにした以上に、生徒の人間的成長も促進し現代公教育上の重要な成果を残したとされる。学校や美術館を含む地域の公共的な文化施設でのアートプロジェクトは、教育・学習型アートプロジェクトとしてその可能性が評価されている。

2) 水と土の芸術祭〈みずっちパラダイス〉の実践

平成の大合併で誕生の農村型政令指定都市新潟市は、2009年開催の「水と土の芸術祭」を著名アートプロジェクト仕掛け人として知られる北川フラムを総合ディレクターに指名した。北川の仕掛ける大型プロジェクトは、「大地の芸術祭」の例を挙げるまでもなく、必ずといえるほど教育プロジェクトを組み込んでいる。その1例が〈みずっちパラダイス〉である。2009年8月と12月の2度取材のこのプロジェクトは、新潟大学企画の天寿園エリアの作品群と新潟市中学校教育研究会企画の鳥屋野潟エリアで構成されていた。そのイベント「中学生アート会議」では、ランドアートに臨み、「造形遊び」では8月の3日間で6種のワークショップを実施したといわれる。可能な限りの新潟市内高等学校・中学校・小学校・特別支援学校・幼稚園、さらには西地区の公民館活動参加者等による作品発表が生まれた。**6-13 第2回「水と土の芸術祭2012」(日比野克彦と子供たちの作品)**は、8月の取材では、北川の総合ディレクター辞任により、新潟大学教育学部芸術環境創造課程教授陣の指揮下に実施されていた。

3) 富山県内の教育プロジェクト

(1) 野外彫刻展と彫刻シンポジウムでの実践

その当初は、名称こそ普及していなかったものの先発型のアートプロジェクト、とりわけ教育プロジェクトとして「第3回黒部野外彫刻展」への黒部市立前沢小学校、魚津市立西部中学校、富山県立桜井高等学校の参加があった。また、彫刻シンポジウムとしては、「いなみ国際木彫刻キャンプ」への井波町立（現南砺市立）井波中学校の参加が、初期の教育・学習型プロジェクト参加例として記憶に残る。

（2）「市民会議」と高岡第一高校の実践

「高岡市パブリックアートまちづくり市民会議」や高岡第一高校平成16（2004）年度総合学習の実践は、アートマネージャーが多数の人間を動かさざるを得ない組織的なものであった。略称「市民会議」は、一般市民による組織構成に基づく一方、作品設置に関するワークショップ等を通じて、幼・小・中・高校生の参加を求める教育・学習型プロジェクトが混在していた。

後者は、高岡第一高校の総合学習の実験的模索の中、筆者のパブリックアートと地域文化研究の成果を授業還元していたことに端を発し、総合学習へと発展した企画である。従って、実施主体が、高岡第一高校教師で、生徒160人と作家、及び学校と地域を巻き込んだ総合学習成果を学校祭で発表という実践的取り組みであった。具体的実践は、拙稿「生涯美術論（Ⅲ）——美術教育とアートマネジメント」★17に詳しいが、高岡の歴史や産業や高岡銅器への認識を深めること、アートと美術文化をキーワードにした高岡の街づくりへの高校生レベルの提言を目的にした教育・学習型プロジェクトそのものであった。

（3）高岡市「ものづくり・デザイン科」の実践

高岡市「ものづくり・デザイン科」の誕生は、平成18年3月「ものづくり・デザイン人材育成条例」認定を受けたことから、同年4月より実施になった長期展望的なアートプロジェクトである。とりわけ優れた現代的教育プロジェクトといえる。その背景には、学校教育法施行規則第55条の2に基づく地域特例指定の措置が存在する。この特例は、「平成14年の構造改革特別区域法に基づく事業を全国化するのに伴い（平成20年3月）奨励の規定が整備された」★18ことを受け、平成20年4月より新段階の**6-14「ものづくり・デザイン科」（2012年の作品展）**に移行し6年目に入った。

週1時間年間35時間を小学校5・6年生と中学校1年生を対象に毎年

実施されているが、地域の銅器職人や作家、及び漆器関連職人などの指導で、実際の施設や工房見学、職人を中心とするレクチャー、銅器関連・漆器関連作品を制作する内容構成である。また、その成果の発表として、高岡市美術館市民ギャラリー等での展示により（公金支出の一般市民への公開主旨）、事業の理解・意識の共有・次回へのフィードバックを図ることも念頭に事業化されている。

(4) 富山県内大学生の教育プロジェクト

アートプロジェクトと大学生との関わりは、美術系大学、教育学部系大学の学生たちには、授業参加としての単位認定も含め、年々恒常化してきている。積極的な作品制作からサポーターとしてのボランティア参加まで様々な関係性が生まれた。近年は、TVの全国放送を通じ、福井県内で一定期間合宿・生活をしながら技能習得や生き様の学習に励む京都精華大学美術学部の実践が話題を呼んだ。形態は別にしても、単位認定授業の一環で実施の場合が多く、様々な成果も報告されている現状である。

同じ北陸地区の富山県内大学生のアートプロジェクトへの参加は、主催者側の明確な「教育プロジェクト」への認識は不明だが、氷見市内で展開された「ヒミング2007」や2008年開始で2013年に6回を迎えた高岡市金屋町で展開の**6-15「楽市」（2011年風景）**、中山間地の南砺市利賀で2007年開始の「上畠アート」及び**6-16「アート探訪黒部2009」**等の実践がある。いずれも富山大学芸術文化学部の学生や人間発達科学部の学生が散見されたが、筆者の取材では、個人またはサークル参加の認識で、単位認定ではなかった（2014年9月の「金屋町楽市」は単位が認定化された）。身近な生活にアートやアーティストが介在することで、地域を問い人間生活を改善するアートの力と芸術の価値の提示が可能だからである。

5. 教育プロジェクトの可能性と意義

1) 〈みずっちパラダイス〉の可能性と意義

「水と土の芸術祭2009」において、子ども主体の教育プログラムの必要か

ら **6-17〈みずっちパラダイス2009〉（中学生作品）** が企画実施された。その中心関係者の1人、新潟大学教育学部教授佐藤哲夫は、2010年2月28日、御茶の水女子大学附属中学校で以下のように発表している。「新しい教育理念、教育内容、教育（指導）方法の提示としてのアートプロジェクトでなければならない」という前提で、「共同と参加によるアートプロジェクトは、『相互承認』を生み出すための優れた手段」と認定している。また、「教育の主体としての意識、提案、リーダーシップ、コーディネート、ファシリテート、子どもとの共同、しなやかな対応」を今日の教育の可能性として列挙した上で、「子ども以外の学生、教員、保護者や地域の住民にとっても、自分たちが生きうる環境や空間の創造」★[19]としての意義を見出している。

2）高岡市「ものづくり・デザイン科」の可能性と意義

高岡市「ものづくり・デザイン科」の実践は、全体目標と小学校第5・第6学年の目標、及び中学校1年生の目標と具体的実践内容を成文化している。また、その成果をフィードバックするためアンケート調査も実施してきた。高岡市学校教育課の『平成20年度「ものづくり・デザイン科」アンケート調査集計（児童・生徒）』★[20]からも可能性やその意味が読み取れる。90%を超える児童生徒が、授業を「楽しかった」と思い、保護者・指導教員・講師・関連施設職員も少なくとも85%以上が、「教育効果」としての意義を認めている。具体的内容として、指導教員も保護者も「実際に物を作る体験」を第1に指摘し、次に「講師の方からの説明や話を聞くこと」を挙げる。つまり、高岡市教育委員会が掲げる抽象的目標以上に、実際のものづくりに携わっている人々の技術やその生き様に裏打ちされた話に説得力があるということが判明する。従って、その成果の誇示だけでも作家や職人が、学校や教育機関や文化施設としての生涯学習機関での指導を多様な教育の有効性と理解されるはずである。

《注及び参考文献》

★1　松尾豊『新潟街角の芸術──野外彫刻の散歩道』(新潟日報事業社、1981) p.127

★2　日本生涯教育学会編『生涯学習辞典』(東京書籍、1994) pp.12-17

★3　『高等学校学習指導要領』(文部科学省、2009) pp.98-108

★4　富山県教育会「平成22年度第60回『教育に関する研究助成』論文」『富山教育第904号』(富山県教育会、2010) p.61=慣例により概要のみ掲載

★5　いわゆる「ふくやまアートプロジェクト」は、福山・府中広域市町村圏の12市町村とふくやま美術館で組織された事業である。1989-98年までの1期と99-2001年までの2期があり、2002年度から中止になった。

★6　松尾豊『第39回大学美術教育学会研究発表大会研究発表概要集』(大学美術教育学会、p.41)

★7　柴田葵、「第11回文化資源学会」(東京大学)、下記URL参照
http://www.1.o-tokyo.ac.jp/CR/arc/kenkyukai1.html

★8　四宮敏行『学校が美術館』(美術出版社、2002) に詳しい。

★9　2010年5月・7月の2回、アートフロントギャラリー併設の「アートフロント・ライブラリー」で文献確認。当時は、個別報告書は多数存在したが、纏めた文献はなかった。

★10　林容子・湖山泰成『進化するアートコミュニケーション』(レイライン、2006) pp.43-53、pp.65-112

★11　日本アートマネジメント学会は、2013年12月7日に記念フォーラムを大宰府の九州国立博物館ミュージアムホールで、12月8日には、九州大学大橋キャンパス5号館で研究発表大会を実施した。[分科会1]と[分科会2]に参加の筆者は、鶴野俊哉と椎原伸博の研究発表を拝聴した。椎原の発表会場机上にあった資料は、『第15回全国大会発表概要集』のp.10-13記載の吉田のものと考えられる。

★12　小泉元宏、「地域社会に『アートプロジェクト』は必要か」『地域学論証第9巻第2号』(鳥取大学地域学部研究紀要、2012) pp.77-93

★13　三田村龍神、『日本国内におけるアートプロジェクトの現状と展望──実践参加を通しての分析と考察』(Kindle版、2013) 8273/10084

★14　谷口文保、「芸術創造と公共政策の共創を誘発するプロジェクトの研究」(九州大学、博士論文)

★15　吉田隆之、「都市芸術祭の経営政策──あいちトリエンナーレを事例に」(東京藝術大学大学院音楽研究科博士論文、2013)

★16　アートプロジェクト研究会、『日本型アートプロジェクトの歴史と現在 1990-2000』(avairable at http//artprojectlabb.jimdo/2013年11月1日最終確認)

★17　松尾豊『大学美術教育学会誌第38号』(大学美術教育学会、2006) pp.327-334

★18　『教務必携』(ぎょうせい、2009) pp.734-735

★19　佐藤哲夫「『造形力を通じたコミュニケーション力』養成の立場から考える」(大学美術教育学会・日本教育大学協会全国美術部門合同フォーラム、2009年3月) お茶の水女子大学附属中学校、配布の研究発表用のレジュメ、及び発言より抜粋

★20　高岡市学校教育課『平成20年度ものづくりデザイン科アンケート集計結果』(高岡市教育委員会、2009) pp.1-10

6-1「97 ふくやまアートプロジェクト」〈楽園〉

6-2「大地の芸術祭 2009」〈リバース・シティー〉

6-3「阪神大震災復興プロジェクト」団地内風景

6-4「横浜トリエンナーレ2005」会場内風景

6-5「あいちトリエンナーレ 2013」名鉄岡崎駅の布作品

6-6 富山県氷見市「ヒミングAC」内風景

6-7「瀬戸内国際芸術祭 2013」香川県豊島美術館近辺風景

6-10 富山県上市町「アートガーデン IN 大岩山」2012

6-8「瀬戸内国際芸術祭 2010」直島：地中美術館入口

6-9「瀬戸内国際芸術祭 2010」直島：家プロジェクト外景

6-12 高岡第一高校総合学習 2004年取材風景

6-14 高岡市「ものづくり・デザイン科」(2012) 作品

6-11 富山県南砺市利賀「上畠アート 2010」チンドン行列

6-13 新潟市「水と土の芸術祭 2012」作品

6-15 高岡市金屋町「楽市 2011」会場風景

6-16 富山県黒部市「アート探訪黒部 2009」風景

6-17 新潟市「水と土の芸術祭 2009」中学生作品

*写真は全て筆者が撮影したが、その後移設や撤去の可能性がある

《年表III：「アートプロジェクトの歴史」（日本）》

アートプロジェクト名	開始年	実施場所・地域	中心人物・実施主体	備考
1980年代				
わたしたちの壁画展	1982年	富山県立近代美術館	県立近代美術館普及課	-93年
アートフェスティバル白州	1986年	山梨県白州町	山梨県白州町	
'89ふくやま彫刻プロジェクト（8月6日-9月24日）	1989年	福山・府中広域市町村圏内、ふくやま美術館、福山・鞆の浦会場	広域市町村、福山商工会議所、ふくやま美術館、学識経験者	主催：ふくやまアートプロジェクト実行委員会、参加彫刻家：12人
1990年代				
ミュージアムシティ天神（98年から「～福岡」）	1990年	福岡市天神（98年-博多全体）	ミュージアムシティプロジェクト（MCP）	隔年開催
自由工房	1993年	岡山県岡山市	岡山大学井上研究室	-94年迄
'93ふくやまアートプロジェクト	1993年	福山市美術館、ロビー、野外展示場	ふくやまアートプロジェクト実行委員会	
IZUMIWAKUプロジェクト	1994年	東京都杉並区立和泉中学校	村上タカシと実行委員会	1回目
ファーレ立川アートプロジェクト	1994年	東京都立川市米軍立川基地跡地	北川フラム＆アートフロントギャラリー	
鶴木現代芸術祭	1994年	石川県鶴木町	橋本敏子と実行委員会	-99年まで
アート・ワークみの	1995年	岡山県岡山市	PTA会長	
モダンde平野	1996年	大阪府中央区平野	樋口よう子	
IZUMIWAKUプロジェクト	1996年	東京都杉並区立和泉中学	村上タカシと実行委員会	2回目
ワークインプログレス・豊田	1996年-	愛知県豊田市	川俣正	

アートプロジェクト名	開始年	実施場所·地域	中心人物·実施主体	備考
コールマイン田川プロジェクト	1996年-	福岡県田川市	川俣正と田川市	
学校が美術館 1998	1998年	名古屋市立千種台中学校	四宮敏行とCCM	1回目
南芦屋浜コミュニティ&アート計画(MACA)	1998年-	兵庫県芦屋市南芦屋浜	橋本敏子と実行委員会	
立川国際芸術祭	1998年-	東京都立川市	北川フラムと実行委員会	
灰塚アートワークプロジェクト	1998年-	広島県総領町·三良坂町·吉舎町	運営委員会	
〈注文の多い楽農店〉	1998年	兵庫県芦屋市南芦屋浜	田甫律子とMACA	
アーツアライブ	1999年-	静岡市「百恵の里」等	林容子	

2000年代

アートプロジェクト名	開始年	実施場所·地域	中心人物·実施主体	備考
学校が美術館 2000	2000年	名古屋市立千種台中学校	四宮敏行とCCM	2回目
ドキュメント2000プロジェクト	2000年	プロジェクト各会場	ドキュメント2000実行委員会	
大地の芸術祭:越後妻有アートトリエンナーレ2000(7月20日-9月10日)	2000年	新潟県と十日町広域6市町村(越後妻有地域:760平方km)	北川フラムと大地の芸術祭実行委員会(十日町市·津南町·川西町·松之山町·松代町·中里村)	1回目:北川は総合ディレクター
取手アートプロジェクト(TAP)	2000年-	茨城県取手市	東京藝術大学先端芸術学科·取手市	
横浜トリエンナーレ2001	2001年-	横浜市	横浜市·文化庁·外務省	1回目
高岡市パブリックアートまちづくり市民会議	2001年10月-	高岡市内各所	高岡市都市計画課&略称「市民会議」	2003年までの3年間
菜の花里見発見展	2002年	千葉県:あゆみ野、ちはら台、季美の森	実行推進委員会(関東22大学)	

大地の芸術祭：越後妻有アートトリエンナーレ2003（7月20日-9月7日）	2003年	新潟県、十日町市、津南町	北川フラムと大地の芸術祭実行委員会	2回目
〈明後日朝顔〉プロジェクト	2003年-	新潟県旧松代町薊平小学校跡	日比野克彦	継続中
〈歴史・産業・アートで地域を問い直す――高岡銅器と高岡の未来〉教育プロジェクト	2004年	高岡第一高校、地場産業センター、高岡市美術館、老子製作所	松尾豊と高岡第一高等学校普通科普通総合コース1年生160人、及び各担任	総合学習（4-9月の学校祭終了まで）
氷見クリック	2004年	富山県氷見市	中村政人と高野詩織	1回目
メガとがび	2004年	長野県千曲市戸倉上山田中学校	中平千尋と戸倉上山田中学校	総合学習
横浜トリエンナーレ2005	2005年	横浜市赤レンガ倉庫・山下公園近辺	川俣正と横浜トリエンナーレ組織委員会	2回目の実施（予定を変更し4年後実施）
氷見クリック2005	2005年	富山県氷見市	中村政人と氷見クリック実行委員会	2回目
大地の芸術祭：越後妻有アートトリエンナーレ2006（7月23日-9月10日）	2006年	新潟県と十日町市・津南町		3回目
ヒミング2006	2006年	富山県氷見市一帯	ヒミング実行委員会	1回目
高岡市「ものづくり・デザイン科」	2006年	高岡市内小・中学校・美術館	文部科学省・高岡市学校教育課	1回目（以降毎年）
ヒミング2007	2007年	富山県氷見市一帯	ヒミング2007実行委員会	2回目
港で出会う芸術祭：神戸ビエンナーレ2007（10月1日-11月23日）――出会い～人・まち・芸術	2007年	神戸市ポートアイランド近辺	神戸市・神戸ビエンナーレ組織委員会、共催兵庫県、後援文化庁	1回目
上勝アートプロジェクト	2007年-	徳島県勝浦郡上勝町	上勝アートプロジェクト実行委員会	国民文化祭と同時開催
中之条ビエンナーレ2007	2007年	群馬県中之条町；JR吾妻線中之条駅周辺等	中之条ビエンナーレ実行委員会	1回目：
〈船は種〉プロジェクト	2007年	金沢21世紀美術館	日比野克彦	

アートプロジェクト名	開始年	実施場所・地域	中心人物・実施主体	備考
高岡市「ものづくり・デザイン科」	2007年	高岡市内小・中・特別支援学校	文科省・高岡市教育委員会学校教育課	2回目
上畠アート2007	2007年	富山県南砺市利賀村	上畠アート実行委員会	1回目
ヒミング2008	2008年	富山県氷見市	ヒミング2008実行委員会	2回目
高岡市「ものづくり・デザイン科」	2008年	高岡市小・中・特別支援学校	文科省・高岡市教育委員会学校教育課	3回目
横浜トリエンナーレ2008	2008年	横浜市港未来地区&近辺	横浜トリエンナーレ組織委員会	3回目
〈種は船〉横浜造船プロジェクト	2008年-	横浜市横浜港・港未来地区	日比野克彦	
〈種は船:太陽丸〉プロジェクト	2008年-	鹿児島県鹿児島市	日比野克彦	
上畠アート2008	2008年	富山県南砺市利賀村上畠地区	上畠アート2008実行委員会	2回目
楽市2008	2008年	富山県高岡市金屋町	楽市2008実行委員会	1回目
港で出会う芸術祭:神戸ビエンナーレ2009(10月3日-11月23日、テーマ:わwa)	2009年	メリケンパーク、兵庫県立美術館、神戸港、三宮・元町商店街	神戸市と神戸ビエンナーレ組織委員会、共催兵庫県、後援文化庁	2回目:総合ディレクター=吉田泰巳
中之条ビエンナーレ2009	2009年	群馬県中之条町全般	中之条ビエンナーレ実行委員会	2回目
上畠アート2009	2009年	南砺市利賀村上畠地区	上畠アート2009実行委員会	3回目
時の芸術祭	2009年	鹿児島県鹿児島市中心	時の芸術祭実行委員会	
〈種は船:月丸〉プロジェクト	2009年-	鹿児島県種子島地区	日比野克彦	
高岡市「ものづくりデザイン科」	2009年	高岡市内:小・中・特別支援学校・市美術館	文科省・高岡市教育委員会学校教育課	4回目
ヒミング2009	2009年	氷見市ヒミングAC	ヒミング2009実行委員会	
楽市2009	2009年	高岡市金屋町	楽市2009実行委員会	2回目

アート探訪黒部2009	2009年	黒部市宇奈月:愛本・生地地区	文化庁と黒部市生涯学習課	
水と土の芸術祭2009(7月18日-12月27日)	2009年	新潟県新潟市内一帯	北川フラムと水と土の芸術祭2009実行委員会	1回目:北川はディレクター
〈みずっちパラダイス〉プロジェクト	2009年	新潟市鳥屋野潟・内野地区等	新潟大学と市中教研・小・中・高・支援学校	水・土の1企画
大地の芸術祭:越後妻有トリエンナーレ2009(7月26日-9月13日)	2009年	十日町市・津南町(越後妻有郷)	北川フラムと大地の芸術祭実行委員会	4回目(新潟県離脱し里山再生機構参加)
水都大阪2009(8月22日-10月12日)	2009年	大阪市(中の島公園・水辺公園・八軒家浜・水の回廊等)	北川フラムと水都大阪2009実行委員会	北川は、プロデューサー

2010年代

アートガーデン2010 IN 黒部	2010年	黒部市国際文化センター・コラーレ内外	柳原幸子とアートガーデン準備委員会	北日本新聞社共催
マッチフラグプロジェクト	2010年	南アフリカサッカー各会場	日比野克彦と実行委員会	サッカー世界選手権
瀬戸内国際芸術祭2010(7月19日-10月31日)	2010年-	岡山県・香川県瀬戸内7島	北川フラムと瀬戸内国際芸術祭2010実行委員会	1回目:北川は総合ディレクター
上勝 Earthwork 2010	2010年8月1日-9月19日	徳島県上勝町		主催:東京芸術大学
あいちトリエンナーレ2010(8月21日-10月31日)	2010年-	名古屋市内一帯:愛知芸文センター、名古屋市美術館、長者町・納屋橋会場	あいちトリエンナーレ実行委員会、愛知芸文センター、名古屋市美術館:後援文化庁等	1回目:芸術監督=建畠哲
徳島LEDアートフェスティバル	2010年	徳島市ひょうたん島	徳島LEDアートフェスティバル実行委員会	
平城遷都1300年祭	2010年	奈良・橿原市内全域(飛鳥地方)	1300年祭実行委員会	
ヒミング2010	2010年	氷見市内一帯	NPO法人ヒミング&ヒミングAC	
上畠アート2010	2010年	南砺市利賀村上畠地区	上畠アート2010実行委員会	4回目

アートプロジェクト名	開始年	実施場所・地域	中心人物・実施主体	備考
楽市2010	2010年	高岡市金屋町	楽市2010実行委員会	3回目
高岡市「ものづくり・デザイン科」	2010年	高岡市内：小・中・支援学校・市美術館	文科省・高岡市教育委員会・学校教育課	4回目
港で出会う芸術祭：神戸ビエンナーレ2011（10月1日-11月23日、テーマ：きらkira）	2011年	神戸ハーバーランド、ポーアイしおさい公園、兵庫県立美術館、元町高架下	神戸市と神戸ビエンナーレ組織委員会、共催：兵庫県、後援：文化庁・県・市教育委員会・各新聞社・テレビ	3回目：会長神戸市長矢田立朗
中之条ビエンナーレ2011	2011年	群馬県中之条町	中之条ビエンナーレ実行委員会	3回目
横浜トリエンナーレ2011（8月6日-11月6日）	2011年	横浜市内（横浜美術館、日本郵船海岸通倉庫、その他周辺地域	横浜市・NHK・朝日新聞・横浜トリエンナーレ組織委員会、支援：文化庁	4回目：国際芸術祭支援事業
上畠アート2011	2011年	南砺市利賀村上畠地区	上畠アート2011実行委員会	5回目
楽市2011	2011年	高岡市金屋町	楽市実行2011委員会	4回目
高岡市「ものづくり・デザイン科」	2011年	高岡市内：小・中・支援学校・高岡市美術館	文科省・高岡市教育委員会学校教育課	5回目
水と土の芸術祭2012	2012年	新潟市内一帯	新潟大学教育学部環境芸術創造課程と実行委員会	2回目：北川フラムは、離脱
大地の芸術祭：越後妻有トリエンナーレ2012（7月29日-9月17日）	2012年	十日町市・津南町（越後妻有郷）	大地の芸術祭実行委員会と里山再生機構	5回目：北川は総合ディレクター
たてじまアートプロジェクト2012	2012年	兵庫県西宮市阪神甲子園球場近辺商店街・県立西宮津高校	たてじまアートプロジェクト実行委員会	
上畠アート2012	2012年	南砺市利賀村上畠地区	上畠アート2012実行委員会	6回目
楽市2012	2012年	高岡市金屋町	楽市2012実行委員会	5回目
アートガーデン2012 IN 大岩山	2012年	上市町・大岩山日石寺境内、旅館、周辺全域	柳原幸子とアートガーデン2012大岩山実行委員会	共催：北日本新聞

六甲:ミーツ・アート「芸術散歩2012」	2012年	六甲ガーデンパレス・六甲山植物園等		
太閤山ビエンナーレ2013	2013年	富山県射水市太閤山公園内	太閤山ビエンナーレ実行委員会	1回目;北日本新聞
上畠アート2013	2013年	南砺市利賀村上畠地区	上畠アート2013実行委員会	7回目
楽市2013	2013年	高岡市金屋町	楽市2013実行委員会	6回目
港で出会う芸術祭:神戸ビエンナーレ2013(10月1日-12月1日、テーマ:さくsaku)	2013年	元町高架下・メリケンパーク・神戸港・兵庫県立美術館・横尾忠則現代美術館	神戸市・神戸ビエンナーレ組織委員会、共催兵庫県、後援兵庫県教育委員会・神戸市教育委員会、新聞・TV等	4回目
瀬戸内国際芸術祭2013(春3月20日-4月21日、夏7月20日-9月1日、秋10月5日-11月4日)	2013年	香川県高松市・岡山県;岡山県宇野港周辺(7島に粟島・沙耶島・高見島・息吹島の4島追加)	瀬戸内国際芸術祭実行委員会(総合プロジューサー:福武總一郎、総合ディレクター:北川フラム、後援:総務省・国交省等)	2回目:「通年開催を目指す」
中之条ビエンナーレ2013(9月13日-10月14日)	2013年	群馬県中之条町	中之条ビエンナーレ実行委員会	4回目
あいちトリエンナーレ2013(8月10日-10月27日、テーマ:揺れる大地)	2013年	名古屋市白川公園・長者町・納屋橋エリア、岡崎市内	あいちトリエンナーレ実行委員会、助成:文化庁、独立行政法人日本芸術文化振興会	2回目:芸術監督五十嵐太郎
たてじまアートプロジェクト2013	2013年	兵庫県西宮市阪神甲子園球場近辺商店街・西宮今津高校	たてじまアートプロジェクト実行委員会	

* この年表は1980年代前半から2013年までの表記である。
* 「アートプロジェクト」の定義は、その目的・方法、及びそれぞれの立場から様々である。文化事業として実施の「アートプロジェクト」は、日本では80年代後半のバブル経済に乗じた「彫刻のある街」づくり事業の最盛期頃からである。また、著名アートプロジェクトは、大小様々なワークショップ等を関連付けた教育プロジェクトを含むことが多い。
* 調査困難さと情報不足、及び紙幅の限定で、地域の偏在や特定個人に関する表記が多い。
* 備考欄は、筆者の覚書程度の内容で限定項目ではない。

パブリックアート研究の成果、そしてアートの力と芸術の価値

PUBLIC ART

1. パブリックアート研究の意義

新潟時代の1986年から、高岡へ転居後の2014年現在でも、パーブリックアート関連領域の継続的探求と振り返りの中で、誇りに思えるいくつかの点に気付くことがある。それが、美術教育やその他の芸術文化の領域に新しい価値を吹き込んだ点である。美術教育上の新しい価値の点では、高等学校普通科芸術科目美術の表現領域での可能性の開拓と鑑賞領域への新しい方向性の提案である。前者は、パブリックアートとしての公共空間における立体造形物のマケット制作等、後者は、地域連携として作家工房や美術館探訪等の校外学習を含む鑑賞学習の強化であった。

以下、パブリックアート研究が美術教育の接点と接続することで果たした役割への雑感や提案、そしてその価値が文化資源や文化政策に接続する意味についての論考である。

1）教育プロジェクトとパブリックアートへの雑感

2000年の第1回「大地の芸術祭」で「松代町の老人が元気になった」旨の話は、よく聞くことである。2003年の2回目からは、都市部の美大生や芸大生のみならず教育学部系の学生や大学院生も夏休み利用のゼミ単位の参加風景を目にした。その取材体験で確認できたことは、経済の効率性のみに目を向けていた人間生活に警鐘を鳴らし、失われた人間間のコミュニケーション能力の回復が叫ばれるようになった事実である。また、ごく一部の強大な特定者の利益のために失われた感覚や思考が、広大な大地と自然に内包されるとその人間の存在までもが、正常性を回復するツールを手に入れたような感動を覚える点だ。ただ、プロジェクトへの関わりが美術関連の大学生への単位認定の増加、あるいはボランティア参加の増加がみられたことは歓迎に値するが、その一方で、このようなプロジェクトの教育・学習効果として一般的教育効果が強調されてもアートや美術という教科の必然性が叫ばれない点に不満を持つようになった。

芸術科は、他教科以上に身近な生活の中で必要とされる使命を持つことは、著名教育学者の佐藤学の言説★1や文化政策学構築を提唱した東京藝術大学教授の根木昭の言説★2でも証明されてきている。中でも根木は、様々な場面で「21世紀の地方行政は、芸術文化が最上位概念に位置づけられる」旨を公言してきた。そして、現実がそのように変容してきている。この事実と根木の方向性に共鳴する筆者は、〈みずっちパラダイス〉と高岡市「ものづくり・デザイン科」の実際を、美術教育者というより芸術支援者の立場からその役割を追ってみた。

前章の〈みずっちパラダイス〉の実際とその可能性と意義への実践・研究報告は、長年パブリックアートと美術教育との接点を研究してきた筆者には、教育学部系教授の報告としては表象的に思え、3点の疑問を持った。その第1に、人間性の回復等の一般的教育効果を強調しながら、教科性強化のための図画工作や美術教育としての有効性そのものに触れていない点の存在、第2に、その有効性が、大学や研究機関での成果として立証されて構造化・プログラム化されても、現場図画工作・美術教師の必要性や価値へ直結し切れない点の存在、第3に、学校教育現場の美術教師の増員と美術・工芸の教科としての授業時数増加への、より具体的貢献の忘却か無視を感じる点の存在である。高等学校では、美術・工芸教育、あるいは音楽や書道を含む芸術系教科の近年の実際の現場は、芸術教師と芸術関連の授業時数が減少され多忙を極める中、アートプロジェクトのようなアートの社会生活における有効性の実証に借り出され、人手不足の現実も存在する。

つまり、教育プロジェクトのような具体的で急速な社会的要請が存在する反面、芸術の教師数や授業時数の減少を強いられる現代社会の埋没的現実には、大学教員や教育委員会や地域社会から借り出されることへのジレンマがある。芸術科教員の必要性への認識の深まり自体は歓迎すべきであるにも拘わらず、現実の芸術関連教師の姿は、哀れに映ることがあるばかりか酷ささえも感じることもあるからだ。換言すれば、この現場の現実を冷静に理解できない大学教員や「下位に位置付けられてきた」学校教育関係者に指示や命令を下す教育委員会こそが、この現実とその意味する真実の実態を正確に認識しなければならない矛盾を突きつけたのである。このような教育プロジェクトの課題も指摘したのが、パブリックアートの総合文化事業としてのアートプロジェクト化のもう一つの皮肉な側面である。

後者の高岡市「ものづくり・デザイン科」の実践は、美術教育者の現代社会におけるミッションとして、地域で生きぬく職人や作家の生き様や文化資源のあり方の提示を芸術支援の立場から熟考を迫られた。約28年の高岡在住の結論は、多数の職人や作家を支える地域こそが、作品のみならず生きた美術・文化資源、及び芸術文化の貴重な発信者としての彼らの生活を、当然のこととして確実に保障するという点に尽きるということだ。つまり、職人や作家、あるいはアーティストの存在自体と彼らが制作した作品の恩恵でこそ誕生したのが、その産業であり研究や美術教育の領域であることを我々は、もっと真摯に受け止めなければならないはずだ。彼らの命がけの存在から支えられてきた事実に高岡という地域の重要な存在価値が潜んでいることを、関係者が自覚すべきということである。それ故に、芸術作品のみならず職人や作家、場合によっては研究者や美術教師も含め、その人間も文化資源と捉え直し、その共存的関係に感謝しながら観光資源化や交流人口増加に協力を促すべきである。極めて自明なことだが、そのことに富山県民とりわけ高岡市民は、早くから気付くべきであった。何よりも、作家や職人たちが、芸術家として自己の仕事に誇りを持ち後継者と共に活き活きとした生活が可能でなければ、高岡の全国に誇りうるレイゾン・デートルを喪失してゆくことになる。行政と一般市民の認識的共有や文化環境形成者としての作家や職人たちこそがその叫び声を上げ続けるべきである。さらに学校教育機関や美術館などの生涯学習機関との協働・共同的可能性の拡大、共感的受容の高まりを経て、高岡銅器や高岡漆器の有様を底辺から支えるシステム作りの必然が理解されるはずである。

2）共有したい新学習指導要領の方向性と美術教師の未来

前記事例提言は、一言で言うならば、具体的な組織の構造改革への提言であった。しかし、以下の事例は、個人的な隣接分野の研究成果と長年現場教師として積み上げてきた実践結果の融合であり、現場美術教師の悲しみの克服と未来への提言である。

ここに元文部省教科調査官の遠藤友麗の記した「学校美術教育の価値の復権のために――美術教育が捨ててきてしまった大切な学びの価値――」というタイトルで平成11年9月8日付けの配布文章がある。15年余りも前に美術教育の価値の問題を事実に基づき突きつけた衝撃的な4点ほどの指摘だ。1点目は、必修教科としての学校教育で学ぶ価値の有無は国民全体の要求に根付くこと、つまり社会からの必要性で価値が決まるということ。2点目は、現在の美術教育が「楽しく」「自由に自分の思いを」「新しい表現」等に見られるともすれば個人内にしか通用しない情動的・感覚的表現を強調しすぎ、社会的必要性を見失ってきた点等の指摘。3点目は、美術の文化や歴史は美術で取り戻すべきとの論理に基づき、学術的歴史認識以外にも、人々の願いや知恵、人間普遍の心情、国・民族・時代・思想・個性等に応じた表現の違い等から生じる様々な美術文化的価値への学習可能性の広がりの指摘。さらに4点目は、今後の美術教育の理念を踏まえた3つの教科性の位置付けであった。

その約15年後の現在、新高等学校学習指導要領はこの遠藤友麗の方針を基本的な部分で踏襲し、それまで以上に日本の美術の現状と美術教育の未来に思いを配り、日本の美術文化の有様を価値として伝え残す方向を確定した。その方向性や文言の確定の経緯を調べる中で驚いたことがある。つまり、平成21年3月告示の『高等学校学習指導要領』「芸術科」編は、当時の埼玉大学教育学部美術科教育講座所属教授榎原弘二郎と知人の神奈川県立高等学校美術教諭を含む複数の現場美術教師がその方向性と文言確定に関わったことに気付いた点だ。音楽でなく美術教師であること、管理職だけでなく現場の教諭であることに驚きを感じたが、現場教諭の1人の平野明に至っては、新潟県出身の絵画専攻生で筆者と同窓の教育学部芸術学科の同級生であったからだ。何よりも、筆者の実践やその方向性に基づいた研究内容を評価・追認して確定に至ったことを知った。従って、学校現場の苦闘的実践が示唆する高等学校美術教育の方向性を理解し、執筆開始時の現状が単なる高等学校在職の現場美術教師ではなく、美術文化に関するより広いレベルの芸術支援的役割を認識せざるを得ない状況であるが故に、下記に僭越ながら全国の高校美術教師への提言とさせていただきたい。

筆者の富山県約28年間在住の感想として、作家のレベルの高さと文化資源に成り得る多数の美術文化の存在、生活の中でアートを楽しむ一般市民による生涯美術ファンの多さには驚いてきた。高岡銅器や高岡漆器等の地場産業の成立、国立高岡短期大学の富山大学芸術文化学部への昇格、地域社会でのワークショップやアートプロジェクトも立ち上る現状と客観的社会情勢の中で、美術教師の必要性や美術教育の明白な価値の認識が理解され出したことが、実感できるようになった。ところが、実際の教育現場では、美術教師の社会的存在価値が軽視され続け、県立高校教諭の自殺や常勤講師の3校兼務者や教諭の2校兼務者の増加、芸術の指導主事不在と関連する様々な不備等への強い改善の必要性を感じた。

従って、提言の第1に音楽や美術教育は人間の生命保持や社会生活に必須教科である故に、芸術科目の選択制の廃止と必修教科としての「美術・工芸基礎」や「造形基礎」（仮題）等の開講を提案したい。つまり、日本国内の全高校生が全国何処でも受講せざるを得ない必須の教科としての芸術系基礎科目の開設である。その社会的価値の認定を教育的な保障として美術や工芸教師の大量増員とその基礎教育科目の開講を実際に授業展開してゆくべきと考えるからである。

そのための第3回「美術と教育を考える会」のワークショップでのキーワード「アクションから行動へ」移行した1例が、2014年3月末の奈良教育大学を会場にした第36回美術科教育学会での研究部会発表である。学会の高校美術研究部会初代代表として、現場美術教師の負の現状改善のためにも高等学校美術教育の必修化のために高校美術研究部会を「必修化新プログラム考案研究会」のような研究部会に進化・深化・創造することを提案した。結果は多数の参加者の拍手で承認された。

提言の第2に、現在の新学習指導要領を「美術・工芸基礎」か「造形基礎」（仮題）開講までへの移行期間と捉え直し暫定期間での実践と捉えるべきである。つまり、高等学校美術教師は、この暫定的な新学習指導要領の方向性に自信を持ち、次のステップのために前記提言を全国的運動として実行に移すべきである。この方向は、20年以上も前からの実践や研究の積み上げで現場美術教師や誠実な研究者から構築されたものであり、現在の『高等学校学習指導要領』の方向を誇りと共に共有すべきである。そして、あらゆる機会をとらえて、その方向性を図画工作・美術・工芸や書道・音楽教師でしか残せない方法で伝え続けることで、未来の芸術文化環境形成者として困難な期間を乗り越えてゆくべきである。

例えば、積極的に異校種間交流に参加し、小・中・高の児童・生徒と共に学ぶ経験を持つことや美術館の学芸員の経験を持つこと等は、その1つになるのではなかろうか。それぞれの発達段階での特性を理解し、学校教育現場では、常に目の前の児童・生徒の涙や叫びを受け止められる存在であることを実践的に証明する経験になるはずである。そういう姿勢が、他教科と比較しても、最も教育的な姿勢を持つ教科が芸術系科目であり、最も教育的存在が美術や工芸等の芸術系教師であることを立証する機会を創出できると考えるからである。

また、美術科のみならず芸術系教科は、人間の発達や個性や感性の違いを尊重するのみならず、その表現を肯定的にとらえながらも、その結果を一律に評価しない極めて教育性の高い唯一の教科と確信する。さらに、2113年のアートミーツ・ケア学会等での成果報告★3や脳科学者茂木健一郎の報告★4のように、人間の生命維持活動や創造性の陶冶にその有効性が立証されている。ノーベル賞クラスの研究も、失敗や「無駄」をくり返しながらも最後は感性が閃く想像力と創造力が発見を生むことは知られていることだ。数値で証明され難かった教科が、科学的データに基づき数値で価値を実証され出してきた今日、人間の存在自体や社会生活での必要性から価値の高い必須な教科として、美術や芸術科目の優れた側面を提示し続けるべきである。具体的に近年認められてきた社会的価値を加え、図工・美術の教科の価値に誇りと自信を持ち、悲しみから未来に向える実現可能な夢の提言ができると確信可能な今日的状況だからである。

3) パブリックアート研究の文化資源・文化政策への接続的意味

パブリックアート研究の1つに野外彫刻展の歴史、彫刻シンポジウムの歴史、アートプロジェクトの展開等に果たした役割としての、美学・美術史・芸術学等への学術的貢献がある。しかしながら、熟考すると、学問が先にあるのではなく、人間の社会生活のなかでの表現者の存在が先行する。その後研究者・知識人の興味が、隣接分野との融合的価値の創造へ向かわせる。それが美学・美術史・芸術学を現代化させ厚みを持たせることが判別する。従って、歴史的には作家の存在と表現が先行する。パブリックアートに関する様々な企画や実践も、彫刻家等の存在と表現が先行し、優れた美術評論家等の興味が一致し野外彫刻展や彫刻シンポジウムという形で実施され、残された作品が美術文化として文化資源化し、その後に資源としての価値を追加してゆくことに気付く。そこに企画した側の考えや制作した側の思いが重なり、作品の文化資源的価値のみならず、公金を収める住民と市民に還元する行政側の思惑が「街づくり」の意識形成を重層化する。つまり、パブリックアート研究の成果が文化資源や文化政策などの理念を創ってゆくことに気付く。故に、作品や事業としての投機的価値の創造の他に、文化資源や政策としての文化政策化へ接続する性格を持つので、芸術＝アート＝パブリックアートの存在自体が価値を持つと言える。従って、その隣接領域と融合することで多大な価値を発揮するのが、芸術である。

2. アートの力と芸術の価値

第Ⅶ章のこの2節は、「Ⅱ：パブリックアート前史（日本）」として第Ⅱ章で執筆の部分と接続するが、パブリックアートと芸術の力に関する筆者の総合的見解である。つまり、1978年大卒で新潟県に帰省して美術教育の教壇に立ち、その途中の86年11月より開始の30年近いパブリックアート研究と長年の美術教育実践の接点を探求的往還者として実践研究してきた筆者の芸術の価値への結論である。

1）日本彫刻史の欠落的視点

拙著「日本野外彫刻史試論」★5を著していた頃の20余年前に、筆者は日本彫刻史に関する3つの疑問を認めていた。第1点が、その頃の日本彫刻史の著作物には、有史以前から飛鳥時代までの彫刻の記載が殆どなく、あっても土偶や埴輪程度であること。第2点目は、近代以降の記述が希薄で、とりわけ第2次大戦以降の現代彫刻に触れる書物が皆無に近いこと。第3に、有史以降の記述の殆どが、仏像という室内彫刻の記述に費やされている点に大きな疑問を抱いていた。美術史家の彫刻への概念規定や研究の深浅にもよるが、室内彫刻の研究の深さを考えると野外彫刻の記述がないことは、日本彫刻史の大きな片手落ちと思えた。以降、一部の改善はが認められるが、今現在でもその点を強く意識せざるを得ない。

つまり、第3番目の日本彫刻史における野外彫刻史の欠落的問題点と課題こそが最重大事である。現在も変わらない日本彫刻史の重要な欠落的視点は、野外彫刻研究の浅薄さにある。加えるなら、日本彫刻史の芸術性に関する記述の希薄さであり、空間性と市民性に関する認識の欠落である。まず芸術性であるが、室内彫刻としての仏像には当時の最高技術の駆使がみられるはずにも拘わらず、芸術性の高さを感じさせる作品が少ないと思えた。時を超えた現代人の眼差しで考えると、室内仏である彫刻が、仏教の制約を受けて様式美の追及に追われ過ぎ、それを打破できないオリジナリティのなさにあると考えるからだ。学生時代に彫刻制作を専攻した筆者の目からは、野外の現代彫刻は、素材と表現の多様さや競作等の制作条件が向上し、飛躍的に芸術性を高めてきたと思えるからだ。

次に空間性の問題だが、作品の大小や奥行きの広がりに対する空間への認識は、当時から存在したように思えるが、筆者の求める空間の広がりの認識はなかった。何よりも仏教思想の伝達が第1の目的だったからである。その点、長野県佐久穂町の大石棒や秋田県鹿角市のストーンサークル、及び現代日本の野外彫刻は、どうしても作品周辺の風景や空間の広がりを意識せざるを得ず、その有無でこそ制作者や設置者の意図が表現可能と考えるからだ。故に、室内仏よりはるかに空間性が高いと言わねばならない。

さらに市民性だが、室内彫刻の仏像は、特定の人間の所有であり、日常的には一部の特定信者や権力者のみ参拝が許され、むしろ権威の象徴として利用されてきた側面が強い。大石棒やストーンサークルは、野外への存置あるいは配置のため地域住民の多くが見ることが可能であったはずである。ましてや、現代彫刻の多くの野外作品は、「彫刻のある街づくり」との連動により、芸術性や空間性はもとより、市民性については室内仏の比ではない。

以上のことは、日本彫刻史上久しく忘れ去られていた、あるいは美術史・彫刻史研究者には念頭にさえなかった視点であり、「野外彫刻」といわれる有史以降の屋外の造形物と「パブリックアート」といわれる近年の立体的造形物が残した革命的な遺産である。すなわち、野外彫刻やパブリックアートなる野外の立体的造形物の登場は、閉ざされた室内空間から開放された野外空間に彫刻自身を再び解き放ち、彫刻芸術を市民レベルにまで社会的認知を迫った。また、彫刻素材の多様化と耐久化の相乗効果で、彫刻を人間社会の中で息づかせ、都市景観の必須アイテムへ高めた。この事実は、野外彫刻研究が、日本彫刻史の総合的見直しを迫り新しい彫刻史の指針を示し得るものだ。従って、日本彫刻史の新しい可能性は、野外彫刻研究の成果を踏まえざるを得ず、野外彫刻の柱を組み込んだ全史的書き換えを追究する中でこそ、切り開かれるべきものと考える。つまり、この日本彫刻史の欠落的視点の発見もまた、パブリックアート研究の成果の1つということになる。

2）芸術家と芸術支援者の関係

明治以降の彫刻は、日本最初の官立学校工部美術学校に招聘されたイタリア人教師ラグーザによる西洋移入の彫塑教育や鋳造技法の学校教育での展開も加わり、顕彰的人物像や動物等が、肖像的野外彫刻として公共空間にも進出し始めた点に、ラグーザ以前の野外彫刻とは決定的な違いがある。単なる肖像彫刻なら石彫としての人物表現が可能であったにも拘わらず、明治・大正の頃は、軍人や偉人の顕彰を中心に、ブロンズ像が屋外または野外空間に顕現してくる。このことが野外彫刻の価値を素材の拡大的可能性と相乗した空間表現の多様化に向かわせた重要な遠因である。さらに、ブロンズ像の野外空間への拡大は、一般市民に鑑賞機会を増やすことで、公共空間の広がりとその開放感が、彫刻と他の造形芸術との違い、及び彫刻自信の存在的強さの再確認に向かわせた。

また、明治以前には「仏師」等と呼ばれた彫刻家の一部には、険しい山間地等に隔絶されいわば一種の密閉空間で生きるための厳しい創作活動を強いられた異端者もいた。そこを生き抜いたのが、「岩窟王」のような石彫家であり、現在でいう芸術家＝アーティストということになるのではなかろうか。その一方で、明治以降には、ブロンズ等の素材の普及につれ、開放空間と漸増的な彫刻家解放の結果、野外彫刻の価値を伝える自覚的な人間の存在を確信した。つまり、明治以降は、文献的にも芸術家の生活や作品の価値を含む感動を繋ぎ留め、自らも制作に参加しながらも学びに転化可能な教育者・研究者、あるいは詩人や批評家のような人々の存在が確認できる。その融合的コミュニケーションが、現在の彫刻文化の創造を相互支援してきたと考えるに至った。例えば、江戸から明治の転換点での教育的存在が、イタリア人のラグーザであり、戦後の転換点での批評的存在が、土方定一であることは間違いないであろう。さらに、環境造形Ｑの山口牧生の場合は逆で、京都大学で美学理論を学んだ後、石彫家に転じ、作家の立場から理論を深め、探求的往還者の役割を果たした。

しかしながら、それらの批評的方向性が支えになり、野外彫刻展や彫刻シンポジウム等の事業を導き出したとしても、パブリックアートの根源が、それでも彫刻素材や名称の変遷を無視した中でも厳然と存在する芸術家（=彫刻家）の生活が生み出す力に潜む価値に帰結するといわざるを得ない。故に、明治以前の野外彫刻を便宜的に民俗学的野外彫刻と命名はしたものの、個別的生活の中から個人の身体が呼応する独自の感性に端を発する力こそが、芸術家の力として第一に認知されるべきである。第2に、作品に潜む無言のアートの力とその背後に見え隠れするアーティストの力に感動し、何らかの形で伝え残したいと行動した人間が制作と研究や教育を兼務する人間に分化した。さらに第3に、どうしても言葉として表現せざるを得なかった人々が詩人や批評家等の芸術支援者として関わらざるを得なかったのである。つまり、その2つに跨る領域を兼務するかのような往還的探求者が、分化する以前の領域形成に決定的な役割を果たしていた。その探求的往還者の果たした相乗的複合が、芸術の価値をさらなる高みへ引き上げ、彫刻家という芸術家にも光を与え、日本的野外彫刻の価値と1980年代後半の米国移入のパブリックアート概念を融合させた日本的パブリックアート観を構築させたと考えるに至った。

3）アートの力と芸術の価値

第Ⅱ章では、明治以前の野外彫刻は、民俗学的野外彫刻と括ったが、歴史を振り返りながらの筆者の現場探訪による体感的確認からいえることがある。時代背景と作品から見える明治以前の多くは、作家が置かれた場や環境からは逃れることもできずに、その中でこそ仕事として生き抜いた力を反映し得た造形家が優れた芸術（アート）作品を創り上げげたとの確信である。例え、作品が宗教上の様式化された石造美術であっても、作者が一般庶民の踏み入れ難いほどの険しい山間部に強制的に連行されて有無を言わさず嫌々ながら造り上げられた磨崖仏であったとしても、生き抜くために創造した人間の特殊な技術と宗教染みたまでの思念で紡ぎあげた、他に誰も成し得ない仕事という意味での芸術品である。極めて個人性の強い人たち、あるいは危険人物や奇人・変人や忌み嫌われ者の生きるための孤独で特殊な仕事という面が多々あったとさえ考えさせられた。

否、むしろ一般庶民から隔絶されるような人間だからこそ、同時代人からのコミュニケーションを奪われたが故に、その個人に内在していたコミニュケーション力を呼び戻そうとし続けた結果、内に秘めた身体から発する切なる渇望（二重の社会性を帯びたコミュニケーション力）が時代を超えて絶大な交信力を発揮し、我々に迫ってきたと考えた。誰もが真似のできないほどの特殊性こそが、その本質を抉り出し優れた芸術作品を創造し、その時代を超え得る公共性獲得までの力を示すが故に、文化資源としての美術作品と芸術家（アーティスト）としての生き様が、現代を生きる人間に未来への示唆と力を与え続けていると考えざるを得なかった。つまり、芸術の価値とは、芸術家の力と作品の力の総称であり、アート（芸術）の公共性とは、芸術の価値の時代を超えた発信力であると結論できるのである。

《注及び参考文献》

★1　2014年3月第36回美術科教育学会奈良大会の講演で、前東京大学教育学部長、前日本教育学会会長の佐藤学は、「すべての教科の中でも一番必要な科目」と明言した。

★2　根木昭『日本の文化政策──「文化政策学」の構築に向けて』(勁草書房、2007)や『芸術文化政策（Ⅱ）』（放送大学大学院放送教材、2002）等の言説や講演

★3　2013年11月16日（土）の学会で報告の金沢美術工芸大学と金沢市立市民病院の実践研究、及び17日（日）のケイト・ブルームの講演

★4　2014年1月26（日）中央区銀座泰明小学校で開催の第3回「美術と教育を考える会」（事務局：銀座柳画廊野呂洋子）での茂木健一郎の講演。東京芸術大学生との授業を通じた報告「枠を超える」「美術教育の現代化」発言

★5　松尾豊『大学美術教育学会第24号』（大学美術教育学会、1992）

附論1

文化としての野外彫刻を考える
そもそもは野外彫刻から始まった

藤嶋俊會

はじめに

2014年はたまたま「野外彫刻」を主要なテーマとする二つの論考(レクチャーを含む)をまとめる機会があった。一つは、地域に点在する野外彫刻やパブリックアートと、建築や街並みなどその地域特有の文化的資源を見学しながら歩く「地域美産研究会」の『10周年記念誌』に書いた「文化資源としての横浜の魅力」である。二つ目は7月27日武蔵野美術大学鷹の台校舎で行った「屋外彫刻調査保存研究会」(以下「屋外研」)の研究会で発表したレクチャー「彫刻のある街づくりを考える」である。前者は、横浜の魅力を「文化資源」という視点で考察しているので、野外彫刻だけでなく、また美術だけでなく文化財全般を対象にしている。したがって戦前については、三溪園の開園から古建築の移築をはじめ、コレクターとして日本の古美術品の収集や若い作家を支援するスポンサーとしてなど、近代日本の文化資源の蓄積に大きな貢献をした原三溪の仕事を取り上げた。戦後は地方自治制度の導入によって市民自らが主権者として文化行政を推進するようになった、その成果を取り上げた。後者については、神奈川県立近代美術館(開館当初は「鎌倉近代美術館」、通称“かまきん”)の館長(開館当初は副館長)として、近代美術から現代美術を対象に次々と国内外の美術展を企画する中、野外彫刻についても積極的に取り組み、一種の運動にまで発展させた土方定一の仕事を、野外彫刻のプロモーターとしての側面に焦点を絞って話をしたものである。この二つの論をひとつにまとめることができるだろうかと漠然と思っていたところに、松尾豊氏の話があったので、少し強引かもしれないがまとめてみることにした。ただし、今回まとめるに当たっては、後者の論考を大まかな骨格にして進め、前者の論考からは戦前の原三溪の部分は除外して横浜における銅像の記述に代え、後半の飛鳥田一雄市政下で行われた、横浜のアーバンデザインの事業から野外彫刻に関する部分を取り上げた。今はかつてほどの野外彫刻に対する熱気は薄れており、それゆえあの時代野外彫刻は、どのような期待と熱意で人々に迎えられたのだろうかと、一歩退いて客観的に考える絶好の機会ではないかと思った。

1. 野外彫刻と屋外彫刻

この論考では野外彫刻としているが、近似した概念として屋外彫刻という呼称がある。あるいは近年はパブリックアートという概念も広まっている。さらに銅像は野外彫刻か、という問いも考えられる。実は「屋外研」の会報第 4 号にも記したが、野外彫刻という呼び方には、その時代に高まりを見せた思想や感情が込められているのである。「屋外研」が発足したのは 1997 年で、経過的には野外彫刻の次に来る呼称であるが、野外彫刻の理念に対して現実的にさまざまな問題が登場してきたことが背景にある。屋外彫刻という呼称は必然的な面もあるが、この呼称を対置することによって、野外彫刻の思想的な特徴がかえって明らかになってくる。すなわち野外彫刻は、戦争で焼き尽くされた都市の復興に伴って起こった、彫刻の野外化ともいえる動きに合わせて生まれた言葉である。彫刻が建物の中から（戦後すぐには美術館もなかった）外に出るという点では屋外と呼んだ方が適当とも思われるが、単純に建物の内と外ではなく、太陽が降り注ぐ緑豊かな野外でなければならなかった。そこには、戦時下における思想信条の抑圧から解放されて、自由を得た人々が彫刻の制作と鑑賞を通して、自由の実感を具体的に肌で感じ取ろうとする願いが込められている。荒廃した街を現実的に蘇らせるには、大地に花を咲かせ緑を復活させて、街中に文化的で人間的な雰囲気をもたらすことである。街中に文化的で人間的な雰囲気をもたらす、その最有力な素材として美術作品、それも立体的な彫刻作品が選ばれたのは自然の成り行きといってもよい。野外彫刻という概念には大自然がセットになって含まれているといってもよく、戦後日本の復興の姿に重ね合わされてくる。また主に戦争に関わる記念碑として建てられることの多かった銅像のイメージからも遠ざかりたかった。戦時中は戦意高揚というイデオロギーのための彫刻を作っていた同じ彫刻家が、戦後はがらりと平和の彫刻を作る変わり身の早さを見せる例もあった。したがってこの論考の進行は、具体的な事例を一つひとつ取り上げていくことによって、その時代の思想と感情を探っていくことになる。野外彫刻に込められた人々の叡智と感性がどのようなものであったのか、そもそもの発端から掘り下げてみる。

2. 神奈川県立近代美術館と野外彫刻

日本で最初の「近代」と銘打った神奈川県立近代美術館の建設の経緯については、別に書いたことがある（屋外研『会報』第４号）。実のところ坂倉準三によるシンプルで瀟洒な建築の構造自体が、彫刻の野外化を想定していたともいえる。すでに坂倉は「彫刻の展示のためには室外（二階）、ピロッチ（pilotis）及び中庭に開放的な展示の空間をつくり特に彫刻を浮かび上がらせるための照明を設け、観覧者の動線に空間的な変化を与え楽しく見て廻れるように工夫した。（略）彫刻の展示としては床下ピロッチの間の外気と接する所に適当な彫刻を適当な光の中に置くとか、あるいは彫刻はその置くべき自然の場所、たとえば森の中などに置いて見せるのが一番生きた見せ方なので、一部はあの雰囲気の中で時々は池のはたなどに並べるようにしたらどうかとも考えている」★1と述べている。ここで建築家は、彫刻は当然のように外光の下で歩きながら見て廻ることを想定している。この想定は、坂倉が戦前パリでル・コルビジェに師事して得た体験からもたらされているに違いない。

ところで筆者はあるとき近代美術館の過去の展覧会を調べているとき、「彫刻室」という文字に改めて気が付き、さて近代美術館の彫刻室はどこを指すのだろうかと思ったことがある。特別に彫刻のための部屋があるという記憶はなく、そうすると階段を降りたＬ字型の別館に通じるスペースがそうなのだろう、それしかないと思った。しかしそこは通路でもあるわけで、いわば観客は彫刻を見ながら通過することになる。といって彫刻を置くスペースと通路がはっきり分けられているわけではない。通路もスペースも一緒なのである。西洋の伝統的な建築は、がっしりした居住空間の構造に廻廊を持った中庭が特徴である。しかも材料はレンガや石組である。彫刻は、中庭とそれを囲む建物をも支配するように大きく中庭に設置される。それに対して近代美術館は、1階部分の構造が、壁構造を少なくして内側と外側の境界を消滅させるピロティになっているのが特徴である。いわば2階の閉ざされた空間に対して1階は開かれた空間である。こうした空間に彫刻を置く場合、観客の動線を確保しながら台座に彫刻を置く場合と、直に床に置く場合が考えられる。余程正面性を強調する作品でない限り決して壁にくっつけてしまわずに、背後にも廻れるようにしないと彫刻の展示としては完ぺきではない。

3. 土方定一の理想とその展開

(1) 土方定一とヨーロッパ

1951(昭和26)年秋開館した神奈川県立近代美術館の副館長に就任した土方定一は、1965(昭和40)年館長に就任以降1980(昭和55)年に亡くなるまで館長を勤めた。その間展覧会の企画交渉などで世界各地に出掛けては、海外の美術事情の報告をジャーナリズムを通して行い、また後日単行本などにまとめている。こうした土方館長の最新の海外事情を取り入れた、美術館での展覧会企画を通して、鎌倉に集まってきた学芸員は各々得意の分野を開発していくのである。“かまきん”は“土方学校”と呼ばれ、多くの“卒業生”が育っていく。土方が野外彫刻についての考え方に示唆を得たのは、美術館が開館した翌年共同通信社の特別通信員の名目でヨーロッパ各地を訪ねた時であるようだ。ところで彫刻、それも特に野外彫刻について、土方定一の考えを受け継ぎ、さらに独自に展開させていった学芸員として、匠秀夫、柳生不二雄、弦田平八郎、そして酒井忠康の4人がいる。その中で近代美術館の最初の学芸員の1人であった柳生不二雄は、土方の初期のころの動静について次のように回想している。「土方定一が、野外彫刻について強い関心と興味をもつようになったのは、1952年のヨーロッパ旅行からである。各国の現代彫刻作家の意欲的な野外彫刻を見ることによって、大いに触発されたようである。帰国後、それが具体化され、1955年に神奈川県立近代美術館で開催された「今日の新人1955年展」に展示された彫刻作品のうち、数点が館の前庭に設置された」★2。この時の試みが、2年後、同じように美術館の前庭や中庭に彫刻を置いて行った「集団58野外彫刻展」に繋がってゆくのである（この展覧会は1960年にも2回目として開かれた）。彫刻の野外への進出が、美術館の建物の構造上から促されるとともに、近代美術館の思想の延長線上からも促進されたことは重要である。すなわち近代美術館として出発した“かまきん”は、「当然に前線に立つ近代美術館としての機能を大胆に聡明に運営しなければならない」★3という理念を持つと同時に、現代美術に対する視野をも持とうとしたことである。鎌倉に近代美術館が建設される1951（昭和26）年の早い時期に、旧態然たる文部省の現代美術館構想に対して、土方は明快に現代美術に対する方針を打ち出している。「私の考えでは、現代美術館の機能は一方では当然、幕末から現代に至る近代日本美術の歴史的な常設室を持たねばならないが、他方では、現代の大家ばかりでなく、実験的な仕事をしている新人の大きな個展、買い上げなどの場所であってほしいことである」★4と、実に鮮やかで大胆な考えを展開する。「博物館、美術館は過去のためにあるのではなく、現代の人々のためにある」★5という、今では当たり前の姿勢を、既にこの時期に持っていたことは、戦災復興に明け暮れていたこの時代を考えると実に驚くべきことである。

では土方はヨーロッパのどんなところでどのような野外彫刻の作品を見てきたのだろうか。土方がよく取り上げるのは、ベルギーのアントワープ郊外にあるミッデルハイム城で開かれていたビエンナーレ形式の国際野外彫刻展である。そのほかパリのロダン美術館に続いている並木道を利用した青年彫刻展やオランダのアルンヘーム郊外の公園で開催された国際野外彫刻展、ミラノ・トリエンナーレで初めて開催された国際野外彫刻展など、実際に訪ねて行って見てきた場所が取り上げられる。しかもヨーロッパにおいても、戦後の復興を計画的に進めている都市に野外彫刻が重要な要素として機能している実例を、たとえばオランダの港湾都市ロッテルダムを現地に訪ねて目の当たりに見ており、土方は一層自分の考えに自信を持ったのではないだろうか。ロッテルダムの港に面した場所にオシップ・ザッキンによる「破壊された都市」の像が設置されており、土方は街の復興のシンボルとしてよく取り上げている。またおなじ都市の中心街にある百貨店ビイエンコルフの前に立つナウム・ガボの抽象彫刻もよく取り上げる。「二十世紀の近代彫刻がアトリエの中の実験に従っているうちに忘れていた彫刻の社会性を回復しようとしていることが、つぎに大切なことだ」★6として、彫刻を野外のもとに引き出そうとする。「彫刻はもともと野外に置いた方がいいし、野外に置くとその彫刻のいい悪いが一番はっきりしてくる」★7からだ。そして「これは建築家、彫刻家、画家が協働して、われわれの生活空間を合理的に美(うる)わしくしようということである」★8と、計画性を持つことの重要性を指摘する。

(2) イサム・ノグチの野外彫刻

さて近代美術館の中庭で卵が孵る典型的な事例、すなわち野外彫刻の雛として考えてもよいのが、現在も中庭に鎮座しているイサム・ノグチの「こけし」ではないだろうか。イサム・ノグチが2度目の来日をするのが1951(昭和26)年だが、先ごろ亡くなった女優山口淑子との新婚生活を過ごしながら作家は多忙であった。作家は千代田区竹橋にあったリーダーズダイジェスト社の庭に設置する「こけし」の石膏原型を制作中であった。近代美術館の水沢勉によれば、「みずから設計した庭園のもっとも公衆のまなざしに晒されるポイントに《こけし》の石膏原型を仮置きしていることは、この作品が、小規模とはいえ、明確に公共性を備えたものであること、いいかえるならば、その後の野外彫刻運動にとっても歩むべきひとつの道程をすでに示すものであったことを物語っている」★9。しかし「この《こけし》は、予定されていたリーダーズダイジェスト社の庭園に設置されることはなく、その制作に当たった石屋「青山石勝」のもとに残されることになった(当時、当館学芸員としてイサム・ノグチ展の準備にかかわっていた柳生不二雄氏の証言による)。《こけし》がはじめて人々の前に姿を現すのは、翌年、神奈川県立近代美術館の鎌倉館の第一展示室を利用して開催された「イサム・ノグチ展」(1952年9月23日－10月26日)のときであった」★10。しかし当初はこの展覧会に「こけし」の出品は予定にはなかった。この時イサム・ノグチは、北鎌倉にある北大路魯山人の窯を借りて作った、テラコッタの作品を展示することになっていたところ、「こけし」も出すことになった。「急遽、館員が中庭中央に台座をコンクリートで成型し、東京から運ばれてきた、このカップルを迎え入れた。源平池に向かって南面している現在とは異なり、「本館」の入口の方向、すなわち西側を向いて設置されている」★11。当初は玄関に立って観客を迎える役割を持たせられた「こけし」は、後に純粋に鑑賞のために置き変えられることになったというべきだろうか。展覧会には、色々な秘話がつきものであるようだ。

(3) 野外彫刻への始動

イサム・ノグチ展の後しばらくして前述のとおり9名の作家による「集団58野外彫刻展」が開かれる。出品作家は柳原義達、昆野恆、向井良吉、建畠覚造、森堯茂、毛利武士郎、木内岬、阿井正典、木村賢太郎であった。この展覧会は少しメンバーを変えて2年後に「集団60野外彫刻展」として開かれる。この2回の野外彫刻展は、野外と銘うっていることからも明らかなように、もともと彫刻は野外に置いた方がよいという土方の彫刻に対する根本の思想を表わしている。だが野外とはいえ、美術館の中庭や前庭であったり、建物の内側なのか外側なのかはっきりしない空間であったり、むしろ屋外彫刻と言った方が相応しいとも思えるくらいである。しかし断然野外なのである。それだけ彫刻が展覧会という場に安住して、本来持っていた社会性を忘れていたことを示している。こうした思想が背景に込められていたからこそ、1961(昭和36)年に宇部市常盤公園で開かれた宇部市野外彫刻展、そして1963(昭和38)年の全国野外彫刻コンクールへと繋がっていくのである。土方定一と宇部市野外彫刻展の関わりについては、柳生不二雄の『三彩』1984年5月号記事及び弦田平八郎の「宇部の野外彫刻30年の歩み」★12に詳しい。土方がこうした実践で得た考え方は、コンクールによって作品の高い質を保証し、コレクションも可能になることであり、また現代のモニュマン性を追求することの重要性を主張する。彫刻は野外に置いた方がいいが、彫刻は都市に相応しい、という一見矛盾する考えは決して対立するものではなく、復興を目指す都市ロッテルダムやミデルハイムの野外彫刻美術館を念頭に置いていたのに違いない。

土方は、宇部市に次いで神戸市の須磨離宮公園で行われる現代彫刻展にも関わり、両者は交代で開催されることになる。野外彫刻のコンクールによって、作品の質が高まり、そこで街の中に置いてもよいと判断された作品が選ばれて展覧会場の公園から街の中に設置されることになる。この方法を更に発展させたのが長野市野外彫刻賞(1973年、選衡会委員長就任)である。彫刻の質的なレベルはもちろんであるが、それよりも街中に置くことを優先させたやり方である。長野市の例は一例であるが、そのほかさまざまな方法が登場してくる時代が到来する。こうした試みの最終的な到達点は、大自然を背景にのびのびとした環境で彫刻が息づく、野外彫刻美術館の建設であろう。土方は、当初から抱いていたであろう彫刻の社会性の実現を、自らの生存中に着々と推し進め、箱根の彫刻の森美術館において、目標の地点まで到達したということができるのではないだろうか（1969年、企画委員会委員長就任）。もちろん美術館の設置者はフジ・サンケイグループであり、初代館長の鹿内信隆の度量と彫刻に対する愛情がなければ実現は出来なかった。彫刻の森美術館創設に際しての土方定一の関わり方については、彫刻の森美術館特別顧問三ツ村繁の「鹿内さんと土方さん」に詳しい[★13]。しかもここの美術館では、野外彫刻の魅力を広く知ってもらおうと、開館と同時に作品のコレクションも兼ねた野外彫刻の企画展を開催する。最初の企画展は、堀内正和が「立方体の二等分」で大賞を受賞した第1回現代国際彫刻展で、1973年からは名称を変えて第1回彫刻の森美術館大賞展となる。次いで1979年には第1回ヘンリー・ムーア大賞展、翌年土方が亡くなる年には第1回高村光太郎大賞展が開かれた。60年代に宇部市と神戸市で行われた野外彫刻展が、東海道を通って遂に箱根に姿を変えて到着したともいえる。箱根で証明された野外彫刻の魅力は、多くの人の記憶に強い印象となって残り、さまざまな形でまちづくりの中に生かされていくのである。

(4)「野外彫刻のあるまちづくり」の検証

こうして土方が蒔いた種は、“土方学校の卒業生”によって全国に広まっていった。土方が描いた理想の図面は、名称や形を変えて今日でも脈々と引き継がれているといってよい。

もっとも一般的な形が、既に記したように公園などを会場にして野外彫刻の展覧会を開き、展覧会終了後は開催地を中心に街中に作品を設置するタイプである。宇部市と神戸市で先駆的に試みられた手法である。神奈川県では1984年に神奈川県美術展の20回記念として「相模原野外彫刻展」が行われ、柳生不二雄と酒井忠康が審査員に加わっている。この時は展覧会終了後街中に設置することはなかったが、3年後に始まる県市共同主催の野外彫刻展（後述）の先鞭をつけた。1986年の横浜みなとみらい地区で開かれた「横浜彫刻展」は、展覧会終了後横浜の街中に置かれるタイプの彫刻展で、弦田平八郎が運営委員及び選考委員の一人に加わっている。この展覧会はビエンナーレとして4回まで続く。続いて1987年神奈川県と秦野市が共同で開催した「丹沢野外彫刻展」が秦野市の運動公園を中心に行われた。この方式はこの後小田原（1990）と平塚（1993）で開かれ、柳生不二雄と弦田平八郎、酒井忠康が最初から関わり、展覧会終了後は市内の適切な場所に再設置された。他に野外彫刻を設置する方法としては、予め設置場所を選んで、そこに相応しいと思われる作家を招いて、その場所に合わせた彫刻作品を作ってもらう、通称オーダーメード方式もある（仙台市の「杜と彫刻」をテーマとした彫刻のあるまちづくり）。その外に彫刻の制作過程を公開して見せるシンポジウムを野外で行いながら、作品を街中に設置する方法も、良質な石が採れる地域などで盛んに開かれた手法である。今では野外彫刻だけでなく、あらゆるアートを地域ぐるみで演出してまち興しを図るアート・プロジェクト型の方法が盛んになってきている。

札幌芸術の森美術館は、北海道出身の匠秀夫と酒井忠康が関わったケースで、箱根の彫刻の森美術館と同じように広大なロケーションが魅力である。こうした野外彫刻の美術館は、いわば24時間完全に管理されている訳で、作品の配置や移動も適宜行われるし、事故とか損傷が生じればすぐに対応できる体制が整っている。これに対して街の中に野外彫刻が進出していく場合、彫刻と周囲の環境のバランスが崩れてくる現象が次第に目につくようになり、野外彫刻のあるまちづくりを検証する必要が生じてきた。実情は、設置当初は華々しくテープカットをしてお披露目をしたが、やがて存在自体も忘れられ、周りに雑草が生え、ごみが置き捨てられ、誰も注意して見ることもなくなってくる。永久に続くと思われていた理念が崩壊して銅像が倒される例を、私たちはそう遠くない日に目にしたばかりである。

ここで“土方学校の卒業生”の一人である柳生不二雄が、1990年から約10年をかけて全国の野外彫刻のあるまちづくりの現場に直接足を運んでレポートした『三彩』の連載を取り上げてみたい。本来なら美術館など公共の機関が行うべき調査研究ではないかと思うが、柳生個人が、あたかも責任を感じているかのように全国の現場を歩いている。このことについても、屋外研の

『会報』4号にまとめたが、この連載は、師である土方定一の仕事を現場で検証する意味を持っている。取り上げた都市は26か所、北は旭川市から南は福岡市まで、先駆的な都市、新しい方法で取り組んでいる都市など各々特徴がある。取り上げた都市の野外彫刻に対する取り組みを見ると、いくつかのカテゴリーに分類できるが、それについては省略する。むしろどのような問題点があるのかを探ってみたい。

柳生が重視しているのはまちづくりにおける計画性である。行政と市民が一体になって彫刻のあるまちづくりに取り組んでいるのかどうか、その点を見ようとしている。単なる野外彫刻観察印象記に陥らずに、彫刻家が持っている夢と市民が描くまちの計画図を行政や企業がどのようにすくいあげて実現に向けて進めているか、そこに継続性なり計画性があるかどうか、そこを探ろうとしている。例えば地方の都市の場合、野外彫刻のあるまちづくりの取り組みはそれほど複雑ではないが、東京などはあまりにも広く雑多で、面として把握することは難しい。

ここでは秦野市の例を取り上げて「彫刻のあるまちづくり」の検証を見てみよう。まず秦野市の地理的·歴史的な位置づけから始まり、現在までの市としての成り立ちや産業の現状を説明し、市のまちづくりの計画に踏み込んでゆく。具体的には「まほろば秦野」という、住みよい場所を表わす古語を冠した事業計画を市は策定している。そこには「21のシンボル事業計画」が盛り込まれており、その中の10番目に挙げられているのが「彫刻のあるまちづくり」であった。秦野市は丹沢山や水無川、中央運動公園など、周囲が豊かな自然環境に恵まれた土地柄である。ところが市民意識調査では、秦野のイメージの一つとして「文化に接する機会が少ない」という結果が出ている。そうした動きの中で、柳生の報告によれば「秦野市が彫刻のあるまちづくりを、〈まほろば秦野〉計画のなかでこのように検討していたとき、神奈川県でも野外彫刻展の実施を考えていた」★14ということであった。こうして県市共同の野外彫刻展が実施されたのだが、柳生が強調しているのは、「この野外彫刻展の目的が、彫刻によるまちづくりをテーマにして開催されている」★15ことである。「公募された作品、入選した作品、また、受賞した作品がすでに彫刻によるまちづくりを強く意識して制作されており、審査も行われた」★16と評価している。柳生自身審査に関わりながら、まだ街中に設置される前の段階での報告であるが、展示風景を見て、あえて早めに報告した理由を記している。こうして次に作品ごとの評価に移ってゆく。

ところで連載を重ねるにしたがって、柳生は野外彫刻の設置について一つの疑問を投げかける。それは「野外彫刻のもつ公共性についてである」★17。公共性は「生活環境と都市環境の中で共有する理念である」★18とし、「野外彫刻は、堅牢性と恒久性が要望されているが、長期間の設置にいつまでも順応するものだろうか。造形思考も、次々と新しい伸展をみせ続けている。一つの作品に固執して、永久に設置し続けることは、必ずしも妥当とは思われない」★19と、問題提起をしている。さらに現実的な問題として、いくつか注意を喚起する記事が目につくようになる。1991年6月号の『三彩』では、一般的なこととして、設置後のアフターケアの欠落や設置者の無理解が管理の欠如に繋がり、彫刻についての案内板やマップ、カタログなどを作成して、注意の喚起やPRを行う事の必要性を説く。また1992年7月号の『三彩』では、パブリックアートという言葉を初めて使う。柳生のパブリックアートに対する理解は、橋の親柱やトイレなど公共性のある土木建築物に、必ずしも彫刻だけでなく絵画的なもの（陶板画など）やデザイン的な要素を加えたものを指している。柳生のフィールドワークは、野外彫刻からパブリックアートへ移行する、その過渡的な時期における現地調査といってよい。以上のような考察から現在の屋外彫刻調査保存研究会の設立に結実したことは、改めて記すこともないであろう。

4. ケース・スタディ——横浜の場合

(1) 文化資源としての横浜

ここで横浜を取り上げるのは、鎌倉の県立近代美術館から芽生えた野外彫刻の芽が、様々な形で全国に広がっていく中で、都市計画、あるいはまちづくりとしては画期的な手法で推し進めた横浜の事例に、いろいろな問題点を見いだすからである。それは都市計画、あるいはまちづくりのハードの面をアーバンデザインと捉えるところが重要な点である。横浜は関内地区を中心に日本の近代化の過程で建てられた建築や記念碑、土木遺構などの、いわゆる文化資源がまだ残っている街であった。そうした古い歴史のある街並みや建物を生かしながら、新しい時代の要求にも応えるように再生を図る。横浜はそうしたまちづくりを実際に実行できる舞台としての資源に富んでいた。そこに目をつけたのが1960年代後半から飛鳥田市政下で実行に移す都市プランナーの田村明たちであった。アーバンデザインの考え方は、野外彫刻だけに特化して事業を進めるのではなく、街のデザイン全体の中で総合的に判断して事業を実施することである。横浜の場合何故アーバンデザインの考え方が導入されたのか、その点を探っていくと、何かが見えてくるように思う。

（2）銅像──野外彫刻前史

そのためには、戦前の野外彫刻（本論の趣旨からは屋外彫刻と呼ぶべきだが、ここでは野外彫刻の前史と捉える）の典型と考えられる一体の銅像を取り上げて、その建立から再建に至る経緯を辿ることによって、戦後のまちづくりと比較しながら、横浜のまちづくりにおける位置づけを見てみよう。それは旧横浜駅、現在のJR桜木町駅からほど近い掃部山公園にある井伊掃部頭の銅像である（現在の像は戦後再制作されたもの）。周知の通り大老井伊直弼は幕末にあって、強硬に攘夷論を主張する薩長雄藩や朝廷を敵にまわして「日米修好通商条約」を結び、横浜ほかの開港を断行、反対勢力を粛清したために（安政の大獄）、1860（万延元）年桜田門外で暗殺される。それゆえに「開港の恩人」とされたのだが、開港50年という歳月は、決して維新の怨念を忘却の彼方に押しやるには充分な時間ではなかった。建設の地を横浜港に決めてから4分の1世紀、紆余曲折を経てようやく銅像の除幕式に漕ぎつけたのだが、除幕式に際して、想定外とはいえないようなハプニングが起こる。

1909（明治42）年7月1日横浜は開港50年祭を迎えた。その日に合わせて掃部山公園では原型制作藤田文蔵による井伊掃部頭の銅像の除幕式が予定されていた。ところが当時の大臣や元老らからヨコヤリが入り、知事や市長も態度を豹変、10日後の7月11日に私的行事として行われることになった。こうして横浜最初の銅像の前途は暗雲が垂れこめ、不安を抱えることになった。戦前の銅像はほとんど、建築家による背の高い立派な台座に設置されている例が多い。井伊掃部頭の銅像は赤煉瓦倉庫の設計者妻木頼黄（よりなか）による台座で、1923（大正12）年の関東大震災でも少し傾いた程度であったという。しかし太平洋戦争が始まると、1943（昭和18）年には金属供出によって「応召」、

6月16日の新聞は、「離魂式」と称して銅像が吊るし降ろされる記事が写真とともに掲載される。

戦後は台座のまましばらく放置されていたが、その間当時の占領政策を推し進めたマッカーサー元帥の像を建てる案が浮上したこともある。また開港に貢献した幕末期の恩人は他にもいるのではないかという意見が現れてきた。丁度開港100年祭が1954（昭和29）年野毛山公園を中心に行われることになり、その機会に井伊掃部頭の銅像の再建（慶寺丹長）と、もう一人の開港の恩人として佐久間象山が「横浜開港の先覚者」として、野毛山公園内に石碑が建てられることになった。こうして一つの銅像を取り上げてその歴史を紐解いてゆくと、その時代の光と影が刻まれているのが見えてくる。ここには確固とした都市計画やまちづくりの考え方は見られない。その時々の政治的な勢力や社会の状況に大きく翻弄される姿が見える。

なお戦後の横浜の早い時期に建てられた野外彫刻の例としては、1949（昭和24）年に関内と元町を繋ぐ谷戸橋の近くにある「ヘボン博士記念碑」（レリーフ彫刻：黒田嘉治、設計：吉村順三）が挙げられる。まさにその地にヘボン塾の館があったからであり、米軍の接収下にあっても、よく知られたアメリカ人の宣教師ヘボンだったからこそ、殆どノーマークで認められたのではないだろうか。

（3）アーバンデザインと野外彫刻

前節で見て来たように、社会に貢献した人物の銅像建設というセレモニーや、ゆかりの地に記念碑を設置するという恣意的・散発的な設置ではなく、地方自治体によるまちづくりという都市計画の一環の中で野外彫刻が登場するのは、横浜は1960年代後半の革新市政を待たなければならなかった。米軍の接収で遅れた横浜の戦後復興は、何もかも同時に始めなければならなかった。横浜市の6大事業のひとつ「都心部強化事業」に該当する関内地区とその周辺地域との繋がりをどのようにスムーズに連結させるかが鍵であった。具体的には歴史的・文化的な資源が残る関内地区や馬車道に対して、同様に古い歴史を持つ伊勢佐木町、新しく誕生した大通公園、開発途上のみなとみらい地区、これらの地域との結びつきをアートやデザインで実現させることである。例えば馬車道モール（1976年完成）とイセザキモール（1978−1994年完成）

は、JR根岸線の高架によって半ば分断状態になっているところを、吉田橋という日本最初の鉄の橋で繋がっていることを示すために、吉田橋をかつての姿に復元し、馬車道には小田襄の抽象的な彫刻を設置し、イセザキモールには佐藤忠良の具象的な彫刻を設置して、関係づけを行った。これには土方定一と建築家三沢浩が関わった。また文明開化の玄関口横浜は「もののはじめ」の多いところで、特に馬車道は文明発祥の地にちなんだ記念碑や彫刻が多く、さらに近年は馬車や馬のデザインを使ったストリート・ファーニチャーが彩りを添えている。それに対してイセザキモールは、人とモノが雑多に往来する賑やかな喧噪地帯と化している。野外彫刻とか記念碑というのではなく、せいぜい散歩の途中の道標程度にしかみられていないかもしれない。また大通公園（1978年完成）は、首都高速道路の地下化によってできた細長い自由な空間であり、その長さに応じて3点の彫刻が設置された。ここでは細長い広場に空間的なアクセントをつける修景的な彫刻の置き方が実現された。ヘンリー・ムーアの抽象彫刻にロダンの具象彫刻、そしてザッキンの半具象彫刻というバランスに気を配った選び方をしている。しかも田村明に言わせると、行政は一銭もお金を出さず、周辺の企業に資金を出させたという。当時はまだまだ行政が高価な野外彫刻を購入するには抵抗があった時代なので、こうした便法を使ったという。

以上見て来たように歴史的建造物や文化資源、あるいは公園や街路など雑多な要素を繋ぐにはアーバンデザインが有効であることが了解されるだろう。このような方針で進められるまちづくりに対して、前節で記したように、横浜でもみなとみらい地区を会場とした野外彫刻展が1986年に開催され、展覧会終了後は街中に再設置される典型的な事例が行われた。みなとみらい地区という、新しく開発される地区には、宇部や神戸で行われた「展覧会＋街中設置」というオーソドックスな方法が採用されたわけである。4回行われたこの方法は、彫刻展という見せ方の演出によって、宣伝効果も狙い、いわば市民にまちづくりのイメージを持ってもらう効果があった。しかしこの方法の難点は、当初は適当と思われた場所に設置したものの、周囲の無関心と永い時間の経過によって作品と周囲の環境等が次第に悪化して、設置後のメンテナンスも清掃等の環境整備もおろそかにされがちであることである。しかしこの件については既に一般論として指摘しているので、ここでは省略する。

まとめ

以上鎌倉から芽を吹き出した野外彫刻の萌しが横浜においてある程度の結実を見る過程を追ってきたが、本稿を松尾氏がまとめた詳細な論考の中に置いてみると、占める位置はほんの一部をなすにすぎないが、その核心ともいうべき位置を占めるといっても過言ではないと思う。もちろん直接の影響があるとなしに関わらずであるが、一地方の美術館の力がこれ程の影響力を持続させてきたことは驚きに値する。

今から50年以上も前に土方定一が野外彫刻をまちづくりに生かそうと考えたのは、自然と人間性に対するオマージュを、野外彫刻を通して謳おうとしたからではないだろうか。高度経済成長による列島改造に危機感を抱いて、バランスを回復しようとして訴えたのである。したがって2000年以降盛んになるアート・プロジェクトが中山間地域や離島に向かうのも自然の勢いであった。人々は自然との対話を求め、自然に抱かれようとして自然の奥深くに分け入ろうとするのである。

また横浜市のアーバンデザインが、横浜の歴史的な街並みをできるだけ生かしながら、新しい要素も取入れて総合的に判断するプロセスを重視するのは、歴史に対する人間の信頼を後世に伝えていこうとするからである。こうした点で土方定一の野外彫刻を通した自然と人間性に対する信頼と、アーバンデザインが目指す人間的な感覚は相通じるところがあるのではないだろうか。

美術館員としての土方定一の歩みは、時流に流されることなく、権力に対しては闘争心を逞しくし、決してペシミスティックに陥ることがなく、人間の叡智と感性を信じ、初志を貫徹したヒューマニスト、という印象を持っている。

藤嶋 俊會（ふじしま・としえ）
1943年会津若松市生まれ。中央大学法学部卒。神奈川県庁入庁。神奈川県民ホール・ギャラリー学芸員。1981年神奈川県海外派遣研修生としてイギリス、フランスに滞在。テーマは「美術を中心とした海外の文化行政政策の実態調査」。現在美術評論家連盟会員。屋外彫刻調査保存研究会会長、原三溪市民研究会副会長。著書に『かながわの野外彫刻』（神奈川新聞社）『昭和の美術（彫刻編）』（共著・毎日新聞社）。

《注》

★1　『小さな箱』p.48　神奈川県立近代美術館編　2001年
★2　『三彩』p.92　三彩社　1983年9月号
★3　『藝術新潮』p.56　新潮社　1951年7月号
★4　『土方定一　美術批評1946–1980』p.157　土方定一　1992年
★5　同前　p.157
★6　同前　p.233
★7　同前　p.235
★8　同前　p.235
★9　『もうひとつの現代』p.60　神奈川県立近代美術館編　2003年
★10　同前　p.54
★11　同前　p.54
★12　『宇部の彫刻』p.8　宇部市　1993年
★13　『彫刻の森美術館　1969–1994』p.6　彫刻の森美術館編　1994年
★14　『三彩』p.112　三彩社　1987年11月号
★15　同前　p.117
★16　同前　p.117
★17　同前　p.117
★18　『三彩』p.120　三彩社　1987年3月号
★19　同前　p.120

《参考文献》

·『土方定一著作集12』土方定一　1977年
·『都市ヨコハマ物語』田村明　1989年
·『土方定一　美術批評1946–1980』土方定一　1992年
·『宇部の彫刻』宇部市　1993年
·『彫刻の森美術館　1969–1994』彫刻の森美術館編　1994年
·『小さな箱』神奈川県立近代美術館編　2001年
·『もうひとつの現代』神奈川県立近代美術館編　2003年
·『屋外彫刻調査保存研究会会報』第4号　屋外彫刻調査保存研究会編　2008年
·『地域美産研究会　10周年記念誌』地域美産研究会編　2014年

附論2

パブリックアートと文化政策

伊藤 裕夫

はじめに

まずお断りしておかなければならないが、筆者はパブリックアートについては全くの門外漢である。それにも拘わらず、今回このようなエッセイを書くに至ったのは、高岡時代からの知人であり、日本のパブリックアートの研究者の先駆けのお一人である松尾豊氏が、永年の調査研究の成果を著書にまとめられるにあたり、文化政策ないしアートマネジメント的な観点からの一文を求められたからである。

筆者は、この20年余、文化政策やアートマネジメントについて、大学等で教えたり、（これが学問として確立されているとはいえないものの）それなりに研究してきたつもりである。文化政策は、後述するように種々の政策目的を有するものであるが、特に文化・芸術の振興を目的とする政策は時代とともにその基本的な考え方が変化してきており、今日では「芸術の公共性」を一つの前提としつつ、近代市民社会の中で形成されてきた公共的な「制度」を基盤に立案され実施されてきている。またアートマネジメントは、そうした文化政策の下で、市場では成立しがたい文化・芸術に関わる諸組織の運営を担っていくもので、特に「制度化」された文化・芸術組織を軸に発展してきた。

しかしながら20世紀の最後の四半世紀あたりから、この近代市民社会が生み出した文化・芸術に関する「制度」が機能しにくくなってきている（そもそもアートマネジメント自体、そうした今日の「制度」の抱える課題を解決すべく登場してきたといっていい）。いわゆる「ポストモダン」という形で、近代社会システムが問い直されてきている中で、文化・芸術の社会的あり方も再検討が迫られるようになってきたといえる。

本稿では、こうした文化政策の転換というか、新しい動きという文脈の中にパブリックアートを位置づけて、パブリックアートの「パブリック（公共）性」を検討することで、僭越ながら松尾氏のパブリックアート概念をめぐる議論を補足できればと考えている。

松尾氏が本論で再三指摘されているように、パブリックアートには大きく二重の意味がある。一つは「20世紀後半における造形芸術ジャンルとしてのパブリックアート（前史としての「野外彫刻」に始まり、現在は「公共空間」に設置された造形作品）」としての一般的理解、もう一つ「パブリック」を問う、あるいはつくるアート（アート自体が有する「パブリック」性）という暮沢剛巳が指摘する側面★[1]である。筆者の関心は、いうまでもなく後者の方にある。しかし、周知のように「パブリック」という言葉はきわめて曖昧というか、多義的な使われ方がされてきており、「新しい公共」という言葉に代表されるように、時代によって、地域によって、また立場によって異なっている。

本稿では、こうした「パブリック」の多義性を前提に、パブリックアートの文化政策的意味を自分なりに考えてみようとするものであるが、そのため、まず私が前提としている「文化政策」について簡単な説明を述べ、次いで「公共性（パブリック）」の意味を検討し、そのうえで、海外（主に米国）における近年のパブリックアートに関する議論を紹介し、パブリックアートの「パブリック」について問題提起をしてみたいと思っている。

冒頭にも記したように、パブリックアートについては全くの門外漢であるため、具体的な事例に触れたりすることはほとんどできないが、松尾氏の研究成果に触発された一人の文化政策研究者の感想と思って読んでいただければ幸いである。

1. 文化政策と「制度」

文化政策というと文化・芸術の振興と受け取られることが多いが、歴史的にみると文化の統制・抑圧の歴史の方がずっと長く、また文化・芸術の振興が進められる場合にあっても、それは「目的」というよりはむしろ何等かの他の政策目的を実現するための「手段」として執られてきたことの方がはるかに多かったといえる。

文化政策をどう捉えるか、特に文化・芸術の振興は「目的」か「手段」かについては、それが現実のレベルであれ当為のレベルであれ、今日においても研究者の間で見解が分かれるところではある。それは「文化」をどう捉えるのか、「政策」をどういう立場から解するかによるところが大きい。そこで、ここでは「文化」と「政策」について、その意味するところについて簡単に検討して、文化政策とは何かについて考えてみたい。

まず「文化」をどう捉えるのかという点である。周知のように文化はきわめて多様な意味を持つ言葉であるが、「culture」の訳語としてのそれに絞ると、大きく次の二つがあげられる★2。

1）「ある集団に共有される態度や信念、慣習、価値観、風習など」「集団のメンバーが他の集団から自らを区別するためのアイデンティティを確立する（もの）」

2）「人間生活における知的・道徳的・芸術的側面をともなって行われる人々の活動や、その活動が生み出す生産物」

具体的には、前者は地域や民族、組織、あるいは時代や世代など、「集団を他から区分する特徴」（行動様式ないし生活様式）を有し、「集団のメンバーが他の集団から自らを区別するためのアイデンティティ」の確立に関わっており、後述するようにこの点に文化政策との接点が見いだされる。一方後者は、宗教・道徳、学術、文学、芸術、さらには映画や出版、デザインなどの産物とそれを生み出す活動（プロセス）であって、文化政策とはそうした活動の振興や制御という点で関わっている。なお両者は、あくまで文化を捉える視点の違いによるもの、すなわち後者が人間の創造や交流などいわば動的な側面から見ているのに対し、前者はそうした成果が特定の社会や集団に受容され共有・継承された静的な状況から見ているといえる。従って両者には相互関係──前者を「土壌」に後者が「耕作」され、その「耕作」された果実（成果）がさらに「土壌」を豊かにしたり、あるいは逆に不毛にしたりする──を指摘することができよう。

次に「政策（policy）」について見てみよう。政策とは、「政治の方策」すなわち「（政府等が）一定の意図を実現するために用意される行動案もしくは活動指針」（平凡社『世界大百科事典』）であることには、特に異論はないであろう。問題は、「一定の意図」が誰によって意図されるのか、そしてそれはどのような意図なのかという点である。まず政策は、必ずしも政府のそれだけに限らず、販売政策や人事政策などのように民間企業においても、またそれ以外の組織・集団においても用いられる。政治面に限っても、歴史的に見るならば、近代的な国家が成立する前にあっては政府（正確には統治者）は時の支配者であったり、共同体社会にあっては長老たちの寄り合いであったりで、その意図には個人の欲求や特定の価値観などの実現や、あるいは共同体の習慣や掟を見ることもできる。しかしここでは、近代以降の政治社会における公共政策を前提として議論を進めることにする。

近代社会の政策は基本的に「民主的」に形成された政府が担ってきており、その意図は「公共（国民）の福祉」にあるとされている。この「公共の福祉」は、後述するように単純に「公共」イコール一般国民・市民の福祉（生活の向上）と見るわけにはいかないが、さし当たってはこうした一般的な理解で構わないだろう。ただ、ここで確認しておきたいことは、本節の冒頭にも触れたように、文化政策も含め政策の目的（意図される内容）は「公共の福祉」であって、必ずしも「文化・芸術の振興」ではないという点である。

以上、「文化」と「政策」に分けてそれぞれについて考察してきたが、以上からひとまず文化政策を定義しておくと、それは、人びとの精神的（知的・道徳的・芸術的）活動を制御・促進し、そうした文化的成果の享受と蓄積（あるいは排除）を推し進めることで、特定の人間集団（国なり地域社会、あるいは企業等の組織）のあるべき文化的状態——国民・市民や組織の構成員に共有される態度や信念、価値観、風習など——を形成していくことといえるだろう。そしてこうして形成された文化的状態を維持・発展させていくために文化・芸術面においても「（公共的）制度」（人々の福祉向上のために社会内で規範として確定された行動様式の体系）が生まれ、その基盤に立って（反抗も含め）また新たな精神的な活動が展開していくのである★3。

2. 芸術と公共性

さて次に、パブリックアートということもあり、芸術と「公共（パブリック）」性について考えたい。まず「公共性」とは何かという点から検討を始めたく思うが、これについてはここ20年ほど、民間非営利組織（NPO）や「市民社会」の議論とも関わる形で盛んになってきている。特に近年では「新しい公共」という形で、従来からの「公共」観と区別する言い方さえ登場してきている。

「公共性」を論じる際、よく引用されるものに、齋藤純一による以下の3つの意味があげられる★4。

1. 国家に関係する公的な（official）もの…公共事業、公的資金、公教育など
2. 特定の誰かにではなく、すべての人びとに関係する共通のもの（common）…公共の福祉、公益、公共心など
3. 誰に対しても開かれている（open）…公然、情報公開、公園など

パブリックという概念は、もともとは「道路に面した」という意味であったと聞くが、そういう語源からは「誰に対しても開かれている」というのが原義であったと推測できる。それが古代ギリシア・ローマの都市国家（ポリス）において「特定の誰かにではなく、すべての人びとに関係する共通のもの」としての「共和国★5」を成立させる考え方に発展し、さらに歴史を経て「国家（地方自治体も含め）に関係する公的なもの」という意味合いを強く持つようになっていったと考えられる。

ここで重要なのは、もともと「誰に対しても開かれている」という意味であったものが、「すべての人びとに関係する共通のもの」という共同体的原理に展開していったことと、それが（西洋）芸術の発祥地でもある古代ギリシア・ローマ社会で形成されたという点である。すなわち古代の都市共同体において、共同体構成員（市民）すべてに開かれている社会が、構成員共通の関心や利害という形で、構成員に対して共通性を一定範囲内に制限していく──「権利の制限や「受忍」を求める集合的な力、個性の伸長を押さえつける不特定多数の圧力」★6といったネガティブな含みを持つようになり、公共性をめぐる内部紛争が生じるようになったといえる。この公共性の「公開性」と「共通性」のコンフリクトについては、後に見るように、パブリックアートをめぐる議論の中で再び取りあげる。

3.「制度」とパブリックアート

かなり迂遠な議論を続けてきたようにも思われるが、以上の検討を踏まえて、本題であるパブリックアートについて、筆者の愚見を述べてみたいと思う。

1節の文化政策についての説明の最後に、芸術活動などで生まれた文化的状態を維持し、さらに発展させていく仕組みとして文化的な「制度」をあげた。では、それは具体的にはどんなものなのだろうか。

まず「制度（インスティテューション）」とは何か。制度については「国家・社会・団体を運営していく上で、制定される法や規則」（大辞林）といった意味がまず思い浮かぶが、ここでは「社会的に公認され、定型化されているきまりや慣習」（同）、「社会内で規範として確定された行動様式の体系」（マイペディア）の方の意味、英語でいう「institution」に当たるものをいう。インスティテューションには、制度と並んで、「（教育・社会・慈善・宗教などの活動のための）機関、協会、公共の建物、会館、施設」（『リーダーズ英和辞典』）という意味があるが、それは社会的に公認された活動の基盤になる仕組みやそのための施設を指している。現在、私たち一般の人々の社会生活を向上させるための諸々の施設、すなわち学校や病院、社会福祉施設などは、近代になって社会の仕組みが大きく変わるなかで、新しい制度として「公共化」されてきた制度＝施設であるが、文化・芸術分野においてもいくつかの制度が誕生した。その代表が「（公共）ミュージアム（美術館、博物館）」である。

周知のようにミュージアムは、もともと王侯貴族等の私的な「蒐集（コレクション）」がその基礎になっているが、近代のそれは「収集・保管」と並んで「調査研究」され、広く一般に「公開」されることが制度として確立されている。すなわち「収集・保管」されている貴重な文化的財は、王侯貴族等の特権的なコレクターの専有物はなく、市民・国民の「公共的」な財産として、広く公開された「公共空間」に展示され、人々の教養やリクリエーション等に資するべきことが基本に据えられている★7。

このように（その設置意図はともかく）ミュージアムは、もともと公共的な空間として近代社会において制度化されたものであり、ここにおいて収蔵されている美術作品は、暮沢剛巳が述べたように「そもそも公的な価値を持っている」ものとして認識されていた。にもかかわらず「あえてパブリックと被せてその公共性を二重に保障」[★8]するものとして、パブリックアートが出現したのは何故なのか？

この問題を考えるために、松尾氏の本論では触れられていない海外、特にパブリックアートの発祥の地とされるアメリカの動きやそれに関する議論ついて、工藤安代『パブリックアート政策』[★9]等を参考に検討を試みたい。

工藤によれば、アメリカでパブリックアートが公的機関により推進されるようになるのは、1930年代のニューディール期[★10]を別にすると、1960年代の後半、連邦政府内に創設されたばかりのNEA（全米芸術基金）[★11]が「美術館の壁の外で現代の最高の美術作品に一般の人々が接することができるため」始めた公共空間アート・プログラムと、それと前後して始まった連邦施設管理庁による連邦施設に彫刻等の作品を設置する活動が起点になっている。そしてこの動きは急速に地域社会にも広がり、70年代には、アースワークやサイトスペシフィック・アートといったより設置される場所との結びつきを意識した活動に展開し、また社会的な問題――マイノリティのための壁画プロジェクトなども生まれていった[★12]。

こうした中、パブリックアートのあり方を根本的に問う有名な事件が起こる。リチャード・セラの『傾いた弧（Tilted Arc）』を巡る論争と、その撤去事件である。この作品は1981年にニューヨークの連邦ビル前の広場に設置された、高さ3.7メートル、幅37メートルの、題名どおりやや弓形に反らせた巨大な鉄板であった。そのため設置されたときから市民の間から「倒れてきそうで怖い」、「錆びてくると風で粉末状の錆が飛ぶ」などの抗議が寄せられ、作家も含め何度もの折衝の末、89年に設置者である連邦施設管理庁が撤去した。そしてこの論議の中で、「公共空間の文化表現を決定する主体は誰か？」という問題提起とともに、「パブリック（公共）」とは何かが問い直されたのである。

工藤によれば、当時（必ずしもセラの事件に直接触れたものではないが）以下のような議論があったという。

「パブリックアートは、公共の概念を作品の起源とし、そして分析の主題として扱う戦略や活動であることをはっきり示している故にパブリックなのである。（中略）観衆の数やアクセサビリティによってパブリックなのではないのだ。」（フィリップス）[★13]

「観衆のために（または観衆とともに）作品をつくり、観衆を考慮することに関心を持って、そして観衆に挑戦したり、巻き込んだり、彼らの相談にのったりしながら、コミュニティと環境を尊重するすべての種類のアクセサブルな作品がパブ

リックアートである。」(リッパード)★14

ともに「美術館の壁の外」＝公共空間に設置され、多くの市民と接することができることをもってパブリックアートとするそれまでの捉え方に異議を唱えているが、特にリッパードの場合は、観衆である市民・住民との関わり、コミュニティとの関係を強く打ち出している。こうした論議の中で、「その作品が、その場所においてどのような『意味』を持つのか、その周囲の環境や、その空間を利用する人々にとってどのような『意味』を持つものなのか、といった社会的な意味、あるいはコミュニティにとっての意味を問うあらたなパブリックアートが登場するようになる」★15。こうした新しいパブリックアートを、スザンヌ・レーシー★16は従来のそれと区別して、「ニュー・ジャンル・パブリックアート」と名付けている。工藤によれば、ニュー・ジャンル・パブリックアートは、基本的に社会問題を公的な場に顕在化させることで、政治的表明をしたり、あるいは参加した人々(特に、社会的マイノリティの立場に置かれた人々)を巻き込んで社会的ネットワークの形成を目指すなど、それまでのアーティスト観を一変させ、「アクティビスト(活動家)」としてのアーティスト像を提起したという。

しかしこうした動きは、アーティスト・サイドのみが推進していったわけではない。工藤も指摘しているように、NEAは1980年代前半に、その公共空間アートプログラムにおいて「コミュニティの参加を促す教育活動」を指導しはじめており、90年代になるとコミュニティへの配慮を重視する方針はさらに強化され、パブリックアート設置計画の情報公開はむろん、アーティストの選定プロセスやプロポーザル案に住民の意見を反映させたり、制作過程への住民参加などが求められるようになっていく。すなわち、政府サイドからもパブリックアートは、コミュニティ(共同体)を形成ないし再生させるためのツールとして活用されていくのである★17。

このように、80年代以降のパブリックアートを巡る論議には、その底流に先に「公共性」のところで指摘した「共通性(コモン)」と「公開性(オープン)」のコンフリクトを抱えており、特に近年は政治的・社会的圧力もあってコミュニティとの関わりを求められ、「共通性＝共同性」の方向を強める傾向が見られる。日本の場合も、直接的な政策的誘導こそないが、この20年に及ぶ不況と新自由主義的「構造改革」の中で、政府や市場への不信が高まるなか、「競争や成長に定位するのではない他者との関係や生活／活動様式を探ろうとする人々の志向」[★18]がコミュニティやNPOへの関心を高めており、そうした背景の下で「『社会化』したアート」（竹田直樹）といったパブリックアートの捉え方が生じてきたとも考えられる。

4. 制度化と脱制度化をめぐって

話がいきなり、アメリカにおけるパブリックアートをめぐる社会政策的な論議に先走ってしまったので、ここで文化・芸術に関する「制度」に話を戻したい。

先にも触れたように、アメリカでNEAが公共空間アート・プログラムを始めた目的として「美術館の壁の外で現代の最高の美術作品に一般の人々が接することができるため」というのがあげられていた。ここには、本来広く市民・国民（一般の人々）に美術作品を「公開」する「公共空間」であったはずの美術館が、20世紀の半ばにおいては一般の人々が美術作品に接するにあたって「壁」になっていると見られていることがわかる。18–19世紀の啓蒙時代の理念によって、それまでは特権階級が占有してきた文化的な財を広く市民・国民に公開されるべく設立されたミュージアムという制度が、冒頭にも述べたように、20世紀の後半の社会においては制度として機能不全に陥りつつあると考えられるようになってきたのである。

その理由は何か、については本稿では特に論じないが、基本的にはミュージアムに社会が求めるものが変化し、市民・国民が王侯貴族が収集した文化的財の「公開」だけでは満足しなくなってきた（より正確にいうならば、「市民・国民」の実態が「一般の人々」に変化した）からといえる。また一方でミュージアム自体がその国なり地域の文化的財を誇示する場として一種の権威を帯びて、一般の人々からは「閾」が高く見られるようになってきたことも一因であろう。こうした社会にニーズとの「ズレ」は20世紀初めあたりから顕著になってきており、ミュージアムサイドでも（特に観光客を引き寄せることができる著名作品を有しないミュージアムでは）、他のミュージアムから収蔵物を借りての「特別展」や、あるいは新しい切り口で収蔵品を見せるなどの「企画展」などを工夫したり、特に近年ではワークショップやアウトリーチ等の普及教育活動に取り組むところも増えてきている。

しかしながらミュージアムの制度としての原点は、あくまで文化的財（その多くは歴史的に過去の文化的制作物である）の収集・保管とその公開にある以上、現在の社会で活動しているアーティストとの関係性は極めて弱い。すなわちミュージアムは、少なくとも最近までは現在アート（リビング・アート、アール・ヴィヴァン）とは無関係の場であった★19。そういう意味では「美術館の壁の外」で現代の美術作品に一般の人々が接するというのは、現在活動しているアーティストの願いでもあったともいえよう。

ミュージアムに限らず、文化・芸術に関わる制度は、いや学校や医療、社会福祉など近代に生まれた様々な制度は、20世紀後半以降、いわゆる「制度疲労」に陥っている。「脱学校」、「脱病院」あるいは「コミュニティケア」などが叫ばれるようになって久しい。20世紀後半以降の各分野での脱制度化を目指す新しい取り組みは、共通の根を持った動きだといえる。そしてこうした事態に対し、一方では市民サイドから「市民参加」やNPOなどの「新しい公共」といった動きが、他方で政府サイドからも「規制緩和」や「構造改革」といった取り組みがなされてきている。これらはいわば制度と社会ニーズの間に生じている「ズレ」を是正していくものとして現れてきているのだが、両者は常に「協働」できるわけではなく、様々なジレンマを生み出している。

パブリックアートは、NEAが意図していたかどうかは別として、「美術館の壁の外で……美術作品に一般の人々が接する」という形で、結果的にはミュージアムという近代の文化・芸術制度への「脱制度」を提起した。そしてそれが（多分にNEAの意図を超えて）アーティストや住民、地方自治体などの間に様々な波紋を起こし、そのなかでアートを通して「パブリック」の意味──「公開性」と「共通性」のコンフリクト──を問い直すことになっていったのだといえよう。

補足　パブリックアートとしての演劇

「パブリックアート」という概念の拡張というと大袈裟だが、松尾氏からの要請もあり、最後にパブリックアートとしての「演劇」というかいわゆる「公演芸術」について、個人的な見解を述べて、附論の補足として問題提起に替えたい。

演劇ないし劇場（英語ではどちらも〈theatre〉）の公共性については、以前書いたこともある★[20]のでここでは触れない。ここでは、先日慶應義塾大学で「まちと演劇」というシンポジウム★[21]があって筆者もパネラーとして参加したのだが、そこでパネラーの鴻英良氏が紹介した、2002年11月にブエノスアイレスで初演された「ピロクテーテス・プロジェクト」を取りあげることにする★[22]。

近年ヨーロッパでは、劇場を飛び出して野外、街を舞台に演じられる演劇が少なからず上演されるようになった。美術も同様だが、もともと演劇は野外(といっても、日本でいえば河原とか境内など一定の限られた場所ではあったが)で上演されていたものであったが、近世・近代になるころから常設劇場が整備されはじめ、照明や音響など舞台装置も発展して、その中で上演されるのが通念とされるようになっていた。しかし1960年代ごろから、そうした通念=劇場制度に反逆する動きが始まる(日本でも「アングラ」という名称で同様の動きがあったが、日本の場合は劇場が制度化されていなかった点で若干状況は異なる)。そして演劇も劇場から「公共空間」に出ることにより、当然のことながらその社会の多様な問題に関わらざるを得なくなる。

さて「ピロクテーテス・プロジェクト」に話を戻すと、それは古代ギリシア悲劇作品の一つであるソフォクレスの「ピロクテーテス」を現代の問題として、都市を舞台に上演しようというプロジェクトである。原作の「ピロクテーテス」の筋を簡単に紹介すると、トロイア戦争の時にギリシアからトロイアへ船で攻めていく途中に立ち寄った島で、ピロクテーテスという人が毒蛇に足を噛まれてしまい、毒で足が腐ってきて彼は苦しくて船の上で叫び続ける。しかも足が臭くてどうしようもないので、レムノスという島に置き去りにされる。それから10年間が経ち、まだ戦争は終わらないところに、ピロクテーテスの弓を彼と共に連れてこないとトロイアは落ちないと神託があり、そこで彼を探し出して連れてこようとなる。ピロクテーテスはもちろん怒っていて、簡単にはいかないだろうから、そのためにオデュッセウスが策略を考え、いろいろ偽装された物語を作ってみごとに連れ帰るというストーリーである。これを今日の問題として捉えると、当初邪魔者として捨てさった者を、10年たって自分達の都合で必要になったから一緒にやろうという、今日の社会の中でもよく見られる「社会的排除」とご都合主義的な「包摂」の問題として見ることができる。「ピロクテーテス・プロジェクト」は、そうした観点から、アルゼンチンの演出家であるエミリオ・G・ウェービとマリセル・アルバレスが、ほとんど人間と見まがうばかりの等身大のマネキン人形をピロクテーテスとして、街の中の様々な場所に放置し、それを見た様々な人（一般市民をはじめ、警察官まで）の対応を映像で記録し、その一連のプロセスを通じて見えてくる現代社会の諸問題をめぐって討議を行うというもので、ブエノスアイレスの他にもウィーンやベルリンでも行われた。

しかし、これはパブリックアートやアートプロジェクトについてもいえることだが、これを進めていくには様々な障壁が立ちはだかる。何しろ行き倒れのホームレスのような人形を駅前や商店街や公園に配置するのだから、これは演劇だといって説明し許可を取っていかなくてはならない。かつての日本では、例えば寺山修司は「市街劇」と称して、確信犯的にそうした許可などとらずに実施★23し警察沙汰になったりしているが、「ピロクテーテス・プロジェクト」では、市議会や警察、消防署などに出向いて、なぜやるのかも含めて説明する。ウィーンの場合、交渉の支えになったのはウィーン芸術週間で、国際的な演劇祭の一環としてそれをやるということで、公的機関もそれについて話を聞いてくれることになる★24。

ただここで指摘しておきたい点は、単に公的機関を巻き込んだから実現できたということではなく、それ以上に関係スタッフが長時間かけて、こういう政治的なテーマを持った作品をどういう形で実現するか、このプロジェクトをやる意味は何かということについて、40－50人で毎日朝から夕方まで議論し、想定される事態を含めてどう説明するか準備をして実施している点である。プロジェクトに参加している人自身がいろいろ考え議論を重ね、通行人の反応に対して責任を取るという進め方である。それと同時に、プロジェクト全体についての意味と問題性をめぐってシンポジウムを開く。そのシンポジウムには、警察の広報部長も呼んで共同演出家と討議を行い、またプロジェクトの記録の展示もやり、参加する人の思考の場として提供する。これまでにも前衛的で過激な演劇はあったが、それを見るのは一定の理解と関心を持った、ある種の共通性を持った「観客」が前提されていた。しかし、この「ピロクテーテス・プロジェクト」は、パブリックアートやアートプロジェクトと同様、特に「演劇（アート）」に関心があるわけではない一般の生活者である「公衆」に問題提起する意図をもって「劇場の壁」★25を打ち破るべく実施されており、それ故の「社会」との了解の付け方が鍵になる。

このピロクテーテス・プロジェクトほど意図的に「劇場の壁」を壊そうというものではないが、より見世物的な形での路上等でのパフォーマンスは各地でよく見られる。しかしこういった挑発的意図のない大道芸であっても、今日の社会では警察や道路等の管理者の許可がないと活動は許されない。いや、昔から演劇（芝居）は、河原や寺社の境内などいわば「治外法権」の場所で演じられるか、あるいは当局の「勅許」を得て行われてきた。

公演芸術は、まさに「公演」というとおり「公衆」の面前でしか成立しない「芸」であるが、その「公開性」は極めて厳しい制約のなかでしか成立してこなかった。劇場はミュージアムと違って、「生きている芸術」（現在アート）のための制度であるが、しかしそれがファンだけでなく「公衆」に出会うためには、劇場の「壁の外」に出ないとならない。これが公演芸術の抱えているジレンマなのかもしれない。

伊藤 裕夫（いとう・やすお）

日本文化政策学会会長。1948年大阪府出身。東京大学文学部卒業後、広告会社、シンクタンクを経て、2000年より静岡文化芸術大学教授、2006年富山大学芸術文化学部教授。現在は、静岡文化芸術大学、立教大学、慶應義塾大学等の大学院で兼任講師を努める。専門は、文化政策、アートマネジメント。近著に『アーツマネジメント概論（三訂版）』（共編著・水曜社、2009）、『公共劇場の10年』（共編著・美学出版、2010）など。

《注及び参考文献》

★1　Artscape『現代美術用語辞典（1.0）』の暮沢剛巳によるパブリックアートの解説（http://artscape.jp/dictionary/modern/1198431_1637.html）。本文は、松尾氏執筆の本書1章を参照。

★2　以下は、デイヴィッド・スロスビー『文化経済学入門』（2002）による。スロスビーは同書で文化の定義に触れ、「19世紀の初頭より、文化という言葉は、市民の精神や知性の発展を全体として描写するために、より広い意味で使われるように」なり、「特定の社会を裏付ける共通の特質」、「知性的な活動のみならず人々や社会の生活様式を包含するもの」とされるようになったと述べている。なお、以下「文化」はこの二つの意味を含むものとして「芸術」とは区別して使用している。

★3　なおここで注意してきたいことは、制度というと法律を思い浮かべ、法律を策定することで制度を生み出すことができると考える人が少なくないが、制度は文化の相互関係のなかから徐々に形成されてくるもので、法律はむしろそうして生まれてきた習慣的な制度をより安定的（固定的）なものにする必要があるとき、求められるものである。

★4　齋藤純一『公共性』岩波書店、2000年。

★5　共和制ないし共和国を意味する〈republic〉は、ラテン語の〈res（もの）+ publica（公共の）〉に由来しているといわれる。

★6　齋藤純一、前掲書。

★7　しかし、松宮秀治が『ミュージアムの思想』（2003）で指摘しているように、その「公開」の思想には、単に「すべてに開かれた」というだけではなく、その貴重なコレクションを公開することで、その所有によって権力を誇示するとともに、国民・市民共有の文化資産とすることで「共同性・共通性」の象徴としての役割を担わせられている側面も見落としてはならない。

★8　前掲（注1）。なお美術評論家の村田真も、もともと多くの美術作品は太古の時代（例えばアルタミラの洞窟壁画）から、エジプトや古代ギリシア・ローマの古代美術（彫像やレリーフ）、中世キリスト教会の聖人像や壁画など「不動産」としてあり、多くの人々が触れることが可能な「公開性」を持っていたが、ルネッサンス期になって油彩画の技法が生まれ持ち運びが可能な「動産」へと移行し、宮廷など非公開（私的）空間に収蔵・展示されるものになった。それが市民革命等を経て、その非公開空間が「公開」されて美術館が誕生したことを指摘している（ドキュメント2000プロジェクト実行委員会編『社会とアートのえんむすび』2001、序章「『脱美術館』化するアートプロジェクト」）。

★9　工藤安代『パブリックアート政策』、勁草書房、2008。以下の引用のうち、後述する小倉利丸を除いては、この本によっていることをお断りしておく。

★10　ニューディール期においては、雇用政策の一環として1933年－1943年までの10年間、公共事業芸術プログラムとそれに続く財務省絵画・彫刻部による公共建築費の1%を装飾品の購入等に充てる施策、それに連邦雇用促進局による「フェデラル・ワン」（これは造形芸術だけでなく、音楽や演劇、文学分野においても作家たちに制作の仕事が発注された）が進められた。

★11　NEA（National Endowment for the Arts）は、さまざまな芸術活動に助成金を提供すべく1965年に創設されたアメリカ連邦政府の独立機関。しかしアメリカにおいては伝統的に、政府が文化に関わることは避けるべきものと考えられており、あくまで芸術関係者の自助努力や民間による支援を呼び起こす契機としての役割に限定されており、その予算も年間1億数千万ドルを超えることはない。

★12　こうした公的機関による推進とは別に、小倉利丸（「都市空間に介入する文化のアクティビスト」、『現代思想』1997年5月号）によれば、60年代末あたりから公民権運動やベトナム反戦などの社会運動と結びつく形でアーティストによるアクティビズムが、都市の空間に対するアグレッシブな権利要求として登場してきたという。こうした動きが70年代に、パブリックアートの多様な社会との結びつきを促し、後述する80年代以降の「ニュー・パブリックアート」（フェルシン）、

「ニュー・ジャンル・パブリックアート」（レーシー）へと展開していったと考えられる。

★13 Patricia Phillips, Temporality and Public Art, 1992

★14 Lucy Lippard, Looking Around: Where We are, 1995

★15 小倉利丸、前掲書。

★16 S. Lacy, Mapping The Terrain: New Genre Public Art, 1995

★17 アートプロジェクトも同様のことがいえる。特に、近年よく指摘される問題にジェントリフィケーションがある。ジェントリフィケーションとは文字通り文化や芸術活動を通して「（街を）優しく紳士的にすること」で、アートプロジェクトやアーティスト・レジデンスを推進することで、クリエイターなど「クリエイティブ・クラス」の集積を図り、シャッター街やスラム化した地域を再生しようというものである。参加するアーティストやNPO等の市民たちは「アートの力」で荒廃した地域を蘇らせたいという熱意で取り組んでいるのだが、それが成功して再生された街には商業資本が進出してきて地価が上がり、結果として元から住んでいた低所得者層や若い（やはり低所得である）アーティストたちが住めなくなるといった現象が起こっている。（実際にアメリカなどにおいては、こうした手法による都市「開発」が進められており、アート・アクティビストによる批判も出されている。）

★18 齋藤純一「コミュニティ再生の両義性」（伊豫谷登士翁・齋藤純一・吉原直樹『コミュニティを再考する』、2013、平凡社新書の第1章）。

★19 周知のように、最近まで日本では、ミュージアムは博物館として文部省（当時）の生涯学習局の所管で、2000年の省庁再編の時はじめて美術博物館（美術館）と歴史博物館が文化庁に移管された。しかし文化庁でも美術館行政は文化財部の所管であり、また芸術家・芸術団体への助成スキームにおいても美術・造形芸術部門の比重は小さい。

★20 伊藤裕夫「『公共』劇場とは」（伊藤裕夫・松井憲太郎・小林真理編『公共劇場の10年』、2010、美学出版に所収）

★21 2013年12月21日に慶應義塾大学三田キャンパス第1校舎101教室にて開催されたシンポジウム。慶應義塾大学大学院博士課程（ドイツ演劇専攻）の寺尾恵仁氏が科研費による研究活動の一環として主催されたもので、副題は「演劇と都市空間の可能性をめぐって」。パネラーには、筆者の他に、演劇評論家の鴻英良氏、劇作家の岸井大輔氏が参加した。

★22 以下の説明は、主にその時の鴻氏の講演と、コロノス芸術叢書『アートポリティクス』（2009、論創社）に収録されている「ピロクテーテス・プロジェクト」によっている。

★23 寺山は、1971年に「市街劇・人力飛行機ソロモン」を高田馬場から新宿にかけて、1972年に「街頭劇・地球空洞説」を高円寺東公園で、1975年に「ノック」を杉並区一帯で30時間かけて上演した。

★24 ブエノスアイレスでは大学が間に入って当局と交渉し許可を得て実施、またベルリンではベルリン国際演劇祭のプログラムとして実施した。日本でも数年前、京都造形芸術大学がこれを京都で行おうと計画したと聞くが、当局から全く理解されず認められなかった。

★25 演出家ウェービは、ピロクテーテス・プロジェクトの後で出されたマニフェストで、いま芸術家がしなくてはならないことは、「劇場の壁を壊し、アーギャラリーの窓を開け……、現実を問題化する」ことだと述べ、それは「街の人たち日常生活に介入する」ためだといっている（ウェービ「ピロクテーテス・プロジェクト　マニフェストⅠ」、『アートポリテックス』所収）。

あとがき

本書は、様々な人たちに支えられながらも、やっと日の目を見ることになった難産の本といえます。

今でこそ認知されて市民権を得た感のある「パブリックアート」の領域を、1987年（昭和62年）新潟日報事業社から発刊の『新潟　街角の芸術――野外彫刻の散歩道』のために86年11月頃より、手探りながらも調査・研究を開始したのが、2015年末でいつの間にか29年というか30年近いものになります。その間、北陸の私立高校に美術教諭として赴任し、退職まで27年も経過しました。また、幾つかの美術教育や隣接学会などに入会し拙稿も発表してきました。報告書も含め数えてみたらその数が、20数本になっていました。その途中で、20世紀から21世紀に引き継ぐ遺産としての『20世紀の野外彫刻』構想を、同窓の大学関係者をブロック別の代表者に割り当てた後、毎日新聞社の出版局へ私の出版趣意書を添えて、連名で申し込んだ経緯がありました。それから関係者と協働し、著名監修者（中原佑介・酒井忠康）2人に依頼し出版の話を進めた経過を思い出してしまうこの頃です。

一方で、その出版構想が進まなくなった頃、十日町石彫シンポジウムを組織していた、藤巻秀正さんから「松尾さん、あんたこの領域（＝パブリックアート）を切り開いてきたのだから、これまでの論文をまとめて出版でもしたら」と言われて10数年が経過しました。その決意を強くしたのは、拙稿ではあるが、私の文献を知りうる立場の人が意図的に無視し、あたかも自分の業績のようにしている研究者の存在でした。つまり、私自身が評価されず隠蔽・埋没させせられてしまうことへの悔しさでした。従って、その悔しさが、意図的に自分の拙稿や業績を多用し過ぎ、自慢に満ちた文章になり反省せざるを得ない結果も生みました。

しかしながら、当初の20世紀の遺産としての野外彫刻作品のガイドブックとはかなり違いますが、藤巻さんの言葉に勇気をもらい、私とこの領域に興味と関心と研究心を示していただいていたお2人のサポートと出版社の存在で、念願の思いがやっと叶うことになり、感慨深くもあり、上手く言葉にできないほどの嬉しさがこみ上げてきます。

本書の出版に当たり、附論という形で寄稿をいただいた1人の藤嶋氏とは付き合いも長く、各地で取材の彫刻家さんたちと同様に学会誌などで発表の拙稿を著すに当たり様々な資料や情報をいただいた関係です。拙稿の引用者としてその存在は知ってはいましたが、最初の出会いは、神奈川県立県民ホールのギャラリー課長の時代と思います。『20世紀の野外彫刻』出版の監修者として依頼していた酒井忠康さんが、シンポジウムに出席されるとの案内をいただいた頃からの巡り合せです。今回、神奈川県立近代美術館（当時の鎌倉近代美術館＝「カマキン」）の館長で、全国の野外彫刻展構想をリードしてきた土方定一さんや、現在世田谷美術館館長の酒井忠康さんまでの「土方学校の卒業生」を中心に、横浜のアーバン都市構想も含めて文化資源化してきた野外彫刻を文化の視点で神奈川県の果たした全国的役割をクローズアップしていただいたはずです。

寄稿をいただいたもう1人は、伊藤裕夫氏です。日本のアートマネジメント研究の草分け的存在で、すでに水曜社発刊の『アーツマネジメント概論』の筆頭オーサーをしていた研究者でした。美術教育系学会誌の拙稿に一部引用した人が、富山大学芸術文化学部教授として赴任されたので、街づくり市民組織の副会長から紹介を受けて研究室を訪ねてからの知り合いとなりました。富山大学の退職後も、地元東京へ帰られてからの活躍も目覚ましく、今現在は、日本文化政策学会の会長の要職にあります。伊藤先生は、本来ダンスや演劇などの舞台芸術を中心に研究されてきた人ですが、夜間のゼミ室での研究会を通じ、アートの公共性や舞台芸術と造形美術の関連性や芸術文化全般を考えると貴重な先験的視点をお持ちと判断し、寄稿いただきました。また、出版方向の確定後は、学術性を高めるために、まるで大学院生のように本書の表現の仕方まで含めご指導いただきました。その上、文化政策や街づくり関連本をシリーズで出版の水曜社様からの刊行は、私にとっては渡りに船の感でした。

ただ、ここまで漕ぎ着けるにも紆余曲折があり、最初は、『パブリックアートの展開とアートの公共性』のタイトルで出発しました。途中『パブリックアートの展開と芸術の価値』に変遷し、最後に『パブリックアートの展開と到達点』に落ち着いた経緯があります。長らく、美術教育の現場にいながらも、パブリックアートを中心に美術教育と造形芸術、及び芸術文化に関する持論をまとめて世に問う機会を与えられたと考え、大変な社会的状況の中でも多くの彫刻家や美術教育者、及び研究者から支えていただいたと思えて、その存在が、まるで赤い糸で結ばれていた運命の輪のように映り、人生は、諦めないで発信し続けることが大切だと今更ながら思う次第です。

最後に、附論として寄稿いただいた藤嶋俊會様、伊藤裕夫様、快く出版をお引き受けいただいた水曜社社長の仙道弘生様には、改めて深謝申し上げます。また、常に一番身近にいながらも、この領域の研究と出版には理解を示して支え続けてくれた妻と1人娘には、最大の感謝の念を捧げます。

著者紹介

松尾 豊（まつお・ゆたか）

1953年7月、新潟県中蒲原郡村松町（現五泉市）生まれ。1978年3月、東京教育大学最後の卒業生として、教育学部芸術学科彫塑専攻を巣立つ。新潟県内の公立中・高教師の傍ら、1987年『新潟 街角の芸術──野外彫刻の散歩道』（新潟日報事業社）出版。富山県の高岡第一高校に移り、1989年9月平成元年度「毎日郷土提言賞」富山県優秀賞受賞。1991年『富山の野外彫刻』（桂書房）出版。2012年3月-2014年3月まで、美術科教育学会高校美術研究部会初代代表を務める。

パブリックアートの展開と到達点

アートの公共性・地域文化の再生・芸術文化の未来

発行日　2015年3月23日 初版第一刷

著者　松尾 豊
発行人　仙道弘生
発行所　株式会社 水曜社
160-0022
東京都新宿区新宿1-14-12
tel 03-3351-8768　fax 03-5362-7279
URL www.bookdom.net/suiyosha/
デザイン　井川祥子
印刷　日本ハイコム 株式会社

ISBN: 978-4-88065-355-6 C0036

定価は表紙に表示してあります。
落丁・乱丁本はお取り替えいたします。